Fulgenz Bauer

Experimental Abhandlung von der Theorie und dem Nutzen der Elektrizität

von der Prüfung der Luft-Elektrizität

Fulgenz Bauer

Experimental Abhandlung von der Theorie und dem Nutzen der Elektrizität
von der Prüfung der Luft-Elektrizität

ISBN/EAN: 9783743603936

Hergestellt in Europa, USA, Kanada, Australien, Japan

Cover: Foto ©berggeist007 / pixelio.de

Weitere Bücher finden Sie auf **www.hansebooks.com**

Experimental-
Abhandlung
von der
Theorie und dem Nußen
der
Elektricität
von
Fulgenz Bauer.

und
von der Würkung
der
Luft-Elektricität
in dem
menschlichen Körper
von
Marherr und Kirchvogel.

Chur und Lindau,
bey der typographischen Gesellschaft.
1770.

Experimental-Abhandlung

von der

Theorie und dem Nutzen

der

Elektricität.

In der

Savoyischen Akademie der Adelichen zu Wien
öffentlich vertheidigt,

von

Fulgenz Bauer.

Aus dem Lateinischen übersetzt von L. O.

Dimiſſis nunc praeceptoribus incipiamus per nos move-
ri, et a confeſſis tranſeamus ad dubia.

Seneca Quaeſt. Nat.

L. II. C. XXI.

Vorrede.

Weil dasjenige, was ich von der Theorie und dem Nutzen der Elektricität abgehandelt habe, einer öffentlichen Disputation unterworfen wird: so hat mich dieses gar sehr in die Gränzen einer Disputation eingeschränkt. Ich würde mehr gesagt haben, wenn ich mehr mein eigen gewesen wäre; und von demjenigen, was ich gesagt habe, würde ich vieles mit mehrerm Nachdrucke haben sagen können. Ich denke aber, alles mit Erfahrungen ausgemacht, und nichts unsonst angenommen zu haben; und

A 3   die

die Folgerungsschlüsse habe ich nach der
Methode behandelt, nach welcher sie am
meisten zu überzeugen pflegen. Wenn ich
in etwas gefehlt habe: so werde ich es nach
dem Urtheile der Leser verbessern. Unter
den Experimenten, habe ich die allerein-
fachesten, ausgelesen, die ich finden konnte,
und die von aller Verwickelung, und zuweilen auch von allem Glanze entfernt sind.
Denn ich halte es mit der Meynung, daß
die Natur uns so sehr entflicht, daß, wenn
sie irgendwo anzutreffen ist, sie nur in den
einfachsten Dingen angetroffen wird. Denn
in verwickelten Dingen verwirrt sie sich sogleich, und entfält den Augen der Zuschauer.
Auf den Glanz aber muß man, denke ich,
alsdann erst sein Absehen richten, wenn
man die Zuhörer belustigen, nicht belehren
will. Die Experimente endlich werden,
wie ich auch anderswo erinnert habe, für
diejenige, die sie mit ansehen wollen, bey
günstigem Himmel öffentlich angestellt werden.

Expe-

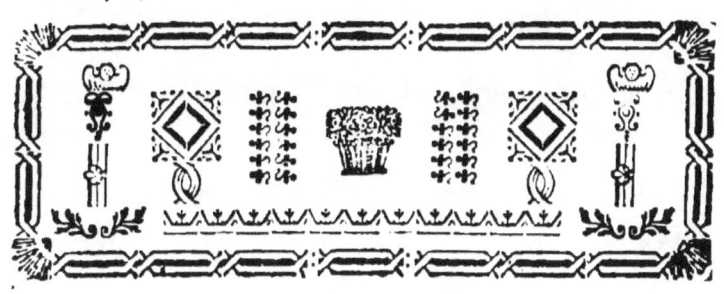

Experimental = Abhandlung

von der

Theorie und dem Nutzen der Elektricität.

I.

E s werden drey Dinge erfodert, die Elek= tricität durch Reiben zu erregen, und zu zeigen: 1. der reibende Körper; 2. der geriebene Körper; 3. der Conductor oder Leiter, der am geriebenen Körper anliegt. Aber ein jedes dieser drey Dinge wird sowohl durch eigene Gesetze, als auch alle zusammen durch gemeinschaftliche Gesetze regiert. Ich bin Willens, diese Gesetze in folgender Abhandlung zu un=

untersuchen, und die untersuchten festzusetzen.
Denn wenn diese Gesetze bekandt sind: so wird
es nicht schwer seyn zu beurtheilen, wozu jed-
wede von den schönsten Erscheinungen dienlich
seyn, und mit welchen Gründen sie zum Nu-
zen der Menschen angewandt werden können.
Ich werde also die ganze Sache in zwey Hauptstücken abhandlen, wovon ich das eine die Theorie, das andere den Nutzen der Elektricität
benennen will.   Ich werde aber meinen Weg so
antreten, daß ich die Fußtapfen der scharfsin-
nigsten Geister unserer Zeit aufsuchen, jedoch
aber auch nicht wenige vorbey gehen werde, welche entweder allgemein bekandt, oder gewiß außer Streit gesetzt sind. Mit Experimenten aber
werde ich alles behandeln; und wenn ich Erfin-
dungen von andern nach ihrer Anleitung wie-
derholen werde: so werde ich nichts von dem,
was sie sagen, für gewiß annehmen, als was
ganz klar aus dem Experimente fließt. Ich werde auch hier und da sowohl meine eigenen Erfahrungen, als auch die Ursachen derselben,
beyfügen; wovon einige, wie ich nicht zweifle,
den Lesern neu seyn, und einigen Vortheil in
die elektrische Wissenschaft bringen werden.

Erster

Erster Theil.

Von der Theorie der Elektricität.

2.

Vor allen Dingen muß man sehen, wie oft, oder auf welche verschiedene Arten, diejenigen drey Stücke, von denen ich oben gesagt habe, daß sie zur Erregung und zur Beweisung der Elektricität erfodert werden, unter sich verglichen und zusammen gesetzt werden können. Hernach ist aufs fleißigste Achtung zu geben, was für Erscheinungen, in jeder Veränderung der abgeänderten Umstände, von den Experimenten dargestellt werden. Endlich ist die Schlußfolge zu machen, wenn welche kann gezogen und erwiesen werden; eine augenscheinliche Schlußfolge nämlich, die aus einem strenge angestellten Experimente, und aus klaren und unveränderlichen Erscheinungen des Experiments ist hergeleitet worden.

3. Das erste hat keine Schwierigkeit. Denn es sind nur die drey Stücke zu vereinigen, und zwar zu gedritten Zahlen; 1. der reibende Körper; 2. der geriebene Körper; 3. der Leiter; oder, wenn man lieber will, das Kissen, die

Kugel, die Kette. Wenn diese nicht selbst verändert werden: so ist ihre gedritte Zahl einfach; welches klar ist. Man muß demnach sehen, wie viel Veränderungen einem jeden eigen sind. — Wenn jemand irgend einmal ein Zuschauer von demjenigen gewesen ist, was bey dem Elektrisiren vorgehet: so hat er gesehen, daß die Kugel allemal in den gleichen Umständen sich befinde, das Kissen und die Kette mögen verändert seyn wie sie wollen; daß sie nämlich vom Kissen gerieben, und von der Kette berührt wird. Demnach ist der geriebene Körper unveränderlich; und, bey Untersuchung der Gesetze der Elektricität, hat man keine Ursache, auf eine Veränderung desselben zu sehen.

4. Wenn aber die Kette mit dem festen Lande verknüpft wird, *) das ist, wenn sie mit Körpern, die durch Reibung nicht elektrisch werden, in einer Verbindung zusammen hängt: so

ist

*) Wenn ich im folgenden von dem festen Lande rede: so verstehe ich allemal das nächste, und zu dem am leichtesten überzugehen ist, das ist, daß die Körper mit andern, die durch Reiben nicht elektrisch werden, so zusammen hangen, daß die Elektricität durch den kürzesten und leichtesten Weg von einem zum andern übergehen kann.

ist jedermann bekandt, daß sie niemals werde elektrisirt werden; daß sie hingegen elektrisirt werde, wenn sie eine Insel *) ausmacht, das ist, wenn sie auf Körpern ruhet, die durch Reibung elektrisch werden. Was soll aber dieses feste Land, und diese Insel? Liegen dann so grosse Kräfte in ihnen, daß sie der Kette bald Feuer mittheilen, bald entziehen? Die Sache muß näher ausgeforscht werden. Ich werde bald hernach die Kette auf die Insel, und aus der Insel auf das feste Land bringen, und dann den Erscheinungen unter sich und mit andern nachspüren.

5. Was thut aber das Kissen? Wird auch dieses auf der Insel elektrisirt, auf dem festen Lande beraubt? Schon längst ist den Kunstverständigen etwas von dieser Art bekannt gewor=

---

*) Wenn ich im Folgenden von der Insel rede: so verstehe ich allezeit eine sehr weitläufige und so zu sagen unmeßliche; das ist, daß die Körper auf andre, die durch Reibung elektrisch sind, dergestalt gesetzt werden, daß die Elektricität durch den allerschwersten Weg und mit der größten Hinderniß von einem zum andern übergehen kann.

worden. *)   Man reibe eine gläserne Röhre
auf dem festen Lande;   man wird die Röhre
elek=

*) Watson hat vor der königlichen Gesellschaft in Lon=
don im Jahre 1747 den 21 Juni in der Abhand=
lung: *Some Further Inquiries into the Nature and
Properties of Electricity*, und in dem Traktätchen: *Se-
quel to the Experiments relating to Electricity.*
Lond. 1746. 8. S. 32. den berühmten Bose gelobt
wegen der Beobachtung, die er also beschreibt: „Wenn
„ die Elektrisirmaschine auf ursprünglich elektrische Kör=
„ per gesetzt ist: so giebt der Mensch, der die Kugel
„ mit seinen Händen reibt, eben unter diesen günstig
„ scheinenden Umständen, kein Zeichen von Elektrici=
„ tät von sich, wenn er von einem unelektrisirten une=
„ lektrischen Körper berührt wird. Wenn aber eine
„ andre Person, die auf dem Fußboden stehet, die
„ umlauffende Kugel nur mit der Spitze eines ihrer
„ Finger, oder einem andern unelektrischem Körper
„ berührt: so wird die reibende Person augenblicklich
„ elektrisirt, und zwar sehr stark. „ *Philos. Transact.*
„ Vol. XLV. p. 93.

In den Abhandlungen der Königlich schwedischen Gesell=
schaft der Wissenschaften, vom Jahre 1746. liesst man
etwas ähnliches, das von Klingenstierna und
Strömern ist entdeckt worden: „ Wir haben gefun=
„ den, wenn ein Mensch auf Pech oder so etwas
„ stehet, das die Fortsetzung der Elektricität in' ander
„ Körper hindert: so kann er durch Reiben an der
„ Kugel sich selbst elektrisch machen, nur mit dem
„ Bedinge, daß einige solche Materie, die Du Fay
                                          „ die

elektrisiren; sich selbst aber nicht im geringsten. Man reibe sie auf der Insel; man wird die Röhre elektrisiren, und sich selbst mit der Röhre. Die Hand aber, die die Röhre reibt, ist das Kissen der Maschine. Man muß also die Sache auch mit dem Kissen versuchen, wenn es bald auf die Insel, bald auf das feste Land gesetzt wird.

6. Es ist demnach die Kugel keiner (§. 3.), die Kette zwoen (§. 4.), das Kissen ebenfalls zwoen Veränderungen (§. 5.) unterworfen. Ich werde also elektrisiren: 1) die Kette auf die Insel, das Kissen auf das feste Land; 2) die Kette auf das feste Land, das Kissen auf die Insel gestellt; 3) die Kette und das Kissen auf das

feste

„ die reibende nennet, der Kugel nahe kömmt; es
„ sey nun, daß man mit der Hand einen Schlüssel
„ daran hält, oder u. s. w. — Wir machten hier-
„ aus die allgemeine Regel, daß das Glas mit Rei-
„ ben elektrisch wird, und seine elektrische Kraft dem,
„ welcher reibt, mittheilet, wenn eine andre reiben-
„ de Sache, nebst ihm, der Kugel genähert wird;
„ so daß das Glas alsdann erst seine Elektricität mit
„ andern theilet, wenn zwo reibende Materien vor-
„ handen sind, und sonst nicht. „ (S. Abhandlungen der Königlich Schwedischen Akademie der Wissenschaften B. IX. S. 155.)

feste Land; 4) die Kette und das Kissen auf die Insel gesetzt.

7. Ehe ich aber dieses thue: so muß ich einiges anderes voraus sagen, dessen ich dazu hauptsächlich werde benöthigt seyn. Und zwar, erstlich, halte ich für ungezweifelt, nach fast unendlich vielen Erfahrungen, die überall bekandt sind: daß alle Erscheinungen der Elektricität von einem gewissen Flüßigen erzeugt werden; das ungemein subtil, und entweder Feuer ist, oder dem Feuer nachahmt; oder, wenn man lieber will, der Aether; oder was man endlich sonst will.

8. Ferner ist mir unzweifelhaft, daß dieses Flüßige, das ich im Folgenden das elektrische Flüßige nennen werde, mit einer ungemein grosen Kraft begabet sey, sich auszudehnen und auszubreiten; und daß es also sich ausbreite und sich zerstreue, wenn ihm irgend, nach gehobenen Hindernissen, ein Ausgang verschaft wird. Man mag nun diese Kraft elastisch nennen, oder zurückstossend, oder wie man sonst will. Den Zweifel aber hierüber benehmen mir, ausser sehr vielen andern Experimenten der sogenannten Zu

rück-

rückstossung, jene Funken, sie seyn nun kna-
kend oder zischend, welche die elektrisirten Körper, vornehmlich aber die Leidenschen Flaschen,
von sich geben.

9. Auch ist mir, aus den Experimenten der
sogenannten Mittheilung, ausser Zweifel, daß
das elektrische Flüßige aus einem Körper in den
andern durch die Mittheilung übergetragen werde. Demnach sind die Körper, aus welchen und
in welche das elektrische Flüßige übergegossen wird,
fähig dasselbe Flüßige in sich zu enthalten und
zu empfangen.

10. Allen Körpern aber, die noch versucht
worden sind, (es sind aber die allermeisten versucht worden) kann die Elektricität von einem
elektrisirten Körper mitgetheilt werden; so daß
der berühmte Bose, von einer so wunderbaren
Uebereinstimmung der Dinge bewogen wurde,
(in seinen Tentam. Comment. III. S. 88.) zu
schreiben: „vor diesen eilf Jahren untersuchten
„wir, ob dieser oder jener Körper auch einer so
„sonderbaren Eigenschaft fähig wäre. Die
„Gestalt der Sachen hat sich verändert. Wir
„suchen nun einen natürlichen Körper, der nie-
                                        „mals

„ mals kann elektrisirt werden. „ *) Demnach
sind alle Körper fähig, das elektrische Flüßige
in sich zu enthalten und einzunehmen. (§. 9.)

11. Woher aber, oder aus welcher Quelle
entspringt jenes Feuer, wenn man erst elektrisirt? Es ist zwar in der ganzen Physik eine aus-
gemachte Sache; daß ein Körper vorher irgendwo müsse verborgen gelegen haben, wenn er
neu an das Licht hervortrit; und daß er also nicht
aus Nichts hervorkomme. Aber wo ist die wütende Flamme bis dahin so lange verborgen gelegen? Warum ist sie nicht längst weder aus
dem Kissen, noch aus der Kugel oder Kette,
hervorgebrochen? Warum endlich kömmt sie erst
an, wenn das Kissen die Kugel reibt, und die
Kette auf der Insel ist? Eine verwickelte Sache!
aber das ist gewiß: sie muß in einem von diesen

dren-

*) „Nach wenigstens tausend angestellten Versuchen,„ fährt
Bose fort, „ habe ich keinen Körper angetroffen, der
„ nicht zu elektrisiren wäre, außer die einzige Flam-
„ me. „ Aber auch die Flamme ist nachgehends von
Jallabert (Expériences sur l'Electricité, §. 103.
104.) der Elektricität fähig befunden worden; und
heut zu Tage zweifelt Niemand mehr daran. Ich
habe, mehr als einmal, die Flamme, zu einer doppelten und dreyfachen Ausmessung ihrer Länge, durch
die Elektricität in die Höhe gezogen.

dreyen, oder in allen, verborgen gelegen haben;
oder sie muß von einem, oder von allen, in
das andre oder in alle hineingebracht worden
seyn. (S. 9. 10.)

12. Wenn in einem Körper das elektrische
Flüßige verborgen liegt, daß es bey gehobenen
Hindernissen, in keinen andern, des elektrischen
Flüßigen gleichfähigen Körper überfließt; der Zustand der Verdichtung des Flüßigen mag seyn,
welcher er will: so nenne ich dieses den Zustand
der mittleren Verdichtung. Diesen nehme ich
für den sogenannten festen Punct an, und ich
zähle von demselben die Grade und Zwischenräume der größern oder geringern Verdichtung.

13. Wenn in einem Körper das elektrische
Flüßige entweder erregt wird, oder, wenn es
anderswo erregt worden, in diesen eingeführt
wird, (S. 11.) also daß dieselbe Masse des Flüs-
ßigen in einen kleinern Raum, oder mehr Masse
in denselben Raum, gezwängt wird: so nenne
ich dieses den Zustand der größern Verdichtung.

14. Wenn in einem Körper das elektrische Flüßige erregt wird, oder, wenn es in diesem erregt worden, in einen andern übergeführt wird (§. 11.), also daß entweder dieselbe Masse des Flüßigen in einen größern Raum, oder weniger Masse in denselben Raum, getrieben wird: so nenne ich dieses den Zustand der geringern Verdichtung.

15. Den Grad der größern Verdichtung werde ich zu weilen, der Kürze wegen, $=$ a setzen: der mittlern $=$ o; der geringern $= +$ c.

16. Hieraus ist mir demnach ferner unzweifelhaft: Wenn zween Körper A und B des elektrischen Flüßigen gleichfähig sind, jedoch aber ihr Zustand dergestalt verändert ist, daß A im Zustande der größern, B aber im Zustande der geringern Verdichtung ist: so wird, wenn die Hindernisse zwischen den Körpern gehoben sind, das elektrische Flüßige, vermöge seiner Kraft sich auszudehnen, (§. 8.) aus A in B überfließen, bis es in beyden in einen gleichen Zustand der Verdichtung (den ich zuweilen das Gleichgewicht der Dichtigkeit nennen werde) gelangt seyn wird. Diesen zeigt die Formel an (a+o):

17. Hernach, wenn zween Körper B und C des elektrischen Flüßigen gleich fähig sind, jedoch ihren Zustand dergestalt verändert haben, daß B im Zustande der mittlern, C aber im Zustande der geringern Verdichtung ist: so bin ich gewiß, daß, wenn die Hindernüsse zwischen den Körpern gehoben worden, das elektrische Flüßige, vermöge seiner Kraft sich auszudehnen, (§. 8.) aus B in C überfliessen wird, bis es in beyden in einen gleichen Zustand der Verdichtung wird gelanget seyn. Diesen giebt die Formel $(o + c) : 2$.

18. Ferner, wenn zween Körper A und C des elektrischen Flüßigen gleichfähig, jedoch in ihrem Zustande dergestalt verschieden sind, daß, A im Zustande der grösseren, C aber im Zustande der geringern Verdichtung sich befindet: so ist mir klar, daß, wenn die Hindernüsse zwischen den Körpern aus dem Wege geräumt worden, das elektrische Flüßige, wegen seiner Kraft sich auszudehnen (§. 8.), aus A in C sich ergiessen werde, bis es in beyden einen gleichen Zustande der Verdichtung wird erreicht haben, welchen die Formel $(a + c) : 2$. bezeichnet.

19. Demnach ist der Zustand $(a+o)$: 2 (§. 16.) allemal grösser als der Zustand der mittlern Verdichtung; der Zustand $(o-c)$: 2 (§. 17.) allemal geringer als derselbe; der Zustand aber $(a-c)$: 2 (§. 18.) kann bald grösser, bald geringer als der Zustand der mittern Verdichtung, bald derselben gleich seyn; nachdem nemlich $a > c$, oder $a < c$, oder endlich $a = c$ gewesen ist.

20. Wenn endlich drey Körper, A, B, C, des elektrischen Flüßigen gleich fähig sind, jedoch ihr Zustand so beschaffen ist, daß A von der grösseren, B von der mittlern, C von der geringern Verdichtung ist: so sage ich, daß, wenn die Hindernüsse zwischen den Körpern aufgehoben sind, das elektrische Flüßige, durch seine Kraft, sich auszudehnen (§. 8.), von A in B, und von B in C übergehen werde, bis es in allen einen gleichen Zustand der Verdichtung wird erreicht haben; welchen die Formel $(a+o-c)$: 3 ausdruckt.

21. Demnach ist der Zustand $(a+o-c)$: 3 (§. 20.) allemal geringer als der erstere Zustand in A; allemal grösser als der erstere Zustand

stand

stand in C; aber bald grösser, bald geringer als der erstere Zustand in B, das ist, als der Zustand der mittlern Verdichtung; nachdem nemlich a $>$ c, oder a $<$ c, oder a $=$ c gewesen seyn wird.

22. Ich nehme aber an, daß die Kräfte des eindringenden elektrischen Flüßigen aus einem Körper von grösserer Verdichtung in einem Körper von mittlerer oder geringerer Verdichtung, und aus einem Körper von mittlerer Verdichtung in einen andern von geringerer Verdichtung, überhaupt nach den Graden der Verdichtung sich verhalten. Also wird das elektrische Flüßige mit grösserer Kraft aus einem Körper von grösserer Verdichtung in einen andern von einer geringern getragen werden, als aus einem Körper von mittlerer Verdichtung in einen andern von geringerer Verdichtung. Desgleichen werden bey zunehmenden Graden einer grössern oder geringern Verdichtung, auch die Kräfte des übergehenden Flüßigen zu nehmen. Niemand wird, glaube ich, mir hierin widersprechen. Dahero enthalte ich mich, mehreres davon zu sagen.

23.

23. Es seyn vier Körper, A, a, B, C, des elektrischen Flüßigen gleich fähig, doch aber so beschaffen, daß A und a im Stande der größern Verdichtung seyn, doch A mehr als a; B im Stande der mittlern, C im Stande der geringern Verdichtung. Wenn die Hindernüsse nach einander gehoben worden: so wird das elektrische Flüßige aus A in a ins Gleichgewicht der Dichtigkeit sich wieder versetzen (S. 8.); jedoch mit geringerer Kraft, als aus A in B und mit einer noch geringeren, als aus A in C. (S. 22.) desgleichen wird es mit geringerer Kraft aus A oder a in B fliessen, als aus A oder a in C. (S. 22.).

24. Es seyn vier Körper, A, B, c, C, des elektrischen Flüßigen gleich fähig, jedoch so beschaffen, daß A von größerer, B von mittlerer, c aber und C von geringerer Verdichtung sey; jedoch c weniger als C. Wenn die Hindernisse wechselsweise gehoben sind, so wird sich das elektrische Flüßige aus c ins C wieder insGleichgewicht der Dichtigkeit versetzen (S. 8.); jedoch mit geringerer Kraft, als aus B in C, mit einer noch geringern als aus A in C (S. 22.). Desgleichen wird es mit geringerer Kraft aus B in c
oder

oder C, als aus A in c oder C fliessen. (§.
22.)

25. Es seyn vier Körper, A, B, B, C, des
elektrischen Flüßigen gleichfähig; jedoch sey A,
von grösserer Verdichtung; B, B, einer wie der
andre, von der mittlern; C von geringerer Verdichtung. Wenn gleich die Hindernüsse aus dem
Wege geräumt sind: so kann doch das elektrische
Flüßige nicht aus B in B ins Gleichgewicht der
Dichtigkeit versetzt werden; als in welchem es,
nach dem Lehrsatze (§. 12.), bereits stehet. Es
wird sich aber aus A in B oder B, bey beyden
mit gleicher Kraft, ergiessen; und aus B oder B
in c, ebenfalls bey beyden mit gleicher Kraft (§.
22.). Es wird aber fliessen aus A in B oder B
mit grösserer Kraft, als aus B oder B in C,
wenn $a > c$; mit geringerer Kraft, wenn $a < c$,
und mit gleicher Kraft, wenn $a = c$.

26. Es seyn vier Körper, A, a, B, B,
des elektrischen Flüßigen gleichfähig. A und a
von grösserer Verdichtung, doch A mehr als a;
B und B, einer wie der andre, von der mittlern. Wenn die Hindernüsse wechselsweise gehoben worden: so wird das elektrische Flüßige

B 4   aus

aus A in a sich ins Gleichgewicht von Dichtig= keit setzen (S. 8.); jedoch mit geringerer Kraft, als aus A in B oder 𝕭; mit einer gleichen Kraft aber aus A in B und 𝕭; desgleichen mit einer gleichen Kraft aus a in B und 𝕭. (S. 22.)

27. Es seyn vier Körper, A, a, c, C, des elektrischen Flüßigen gleichfähig; jedoch A und a von grösserer Verdichtung, A aber mehr als a; c aber und C von geringerer Verdichtung, jedoch c weniger als C. Nach wechselsweise gehobenen Hindernüssen, wird das elektrische Flüßige aus A in a sich ins Gleichgewicht von Dichtigkeit se= tzen (S. 8.); jedoch mit geringerer Kraft als aus A in c; und mit einer viel geringern als aus A in C. Desgleichen wird es mit minderer Kraft fliessen aus A oder a in c, als aus A oder a in C. (S. 22.)

28. Es seyn endlich vier Körper, B, 𝕭, c, C, des elektrischen Flüßigen gleichfähig. B und 𝕭, einer wie der andre, von mittlerer Verdichtung; c aber und C von einer geringern, jedoch c we= niger als C. Wenn, wie vorher die Hinder= nüsse gehoben sind: so wird das flüßige sich ins Gleichgewicht der Dichtigkeit versetzen aus c in
C;

C; (S. 8.) jedoch mit minderer Kraft, als aus B oder B in C; mit gleicher Kraft aber aus B und B in c; desgleichen mit gleicher Kraft aus B und B in C. (S. 22.)

29. Wenn die Elektricität von dem Körper A dem Körper B mitgetheilt wird; das ist, wenn das elektrische Flüßige aus A in B übergegossen wird: (S. 9.) so sind die beständigen Zeichen des übergehenden Flüßigen: 1) eine wechselsweise Näherung des elektrisirten Körpers, und des Körpers der elektrisirt werden soll; 2) die Erzeugung von Licht und Funken zwischen beyden, wenn die Elektricität in etwas zugenommen hat. (Nach den bekandtesten Erfahrungen.)

30. Wenn aber die Elektricität von dem Körper A dem Körper B ist mitgetheilt worden: das ist, wenn das elektrische Flüßige aus A nun schon in B übergegossen ist: so sind die beständigen Zeichen des übergegangenen Flüßigen: 1) keine wechselsweise Näherung mehr zwischen den Körpern A und B; mehrentheils auch eine Entfernung. 2) Und soviel auch die Elektricität mag zugenommen haben: so entstehet doch weder Licht noch Funken zwischen beyden. (Nach den bekandtesten Erfahrungen.)

B 5   31.

31. Das elektrische Flüßige also, indem es in den Körpern A und B sich ins Gleichgewicht der Dichtigkeit versetzt, (S. 8.) macht: 1) daß diese Körper sich wechselsweise nähern; 2) daß zwischen beyden Licht und Funken erzeugt werden (S. 29.). Wenn es aber bereits ins Gleichgewicht der Dichtigkeit gebracht worden ist: so macht es, 1) daß diese Körper sich nicht mehr wechselsweise nähern, sondern mehrentheils sich von einander entfernen; 2) daß zwischen beyden weder Licht noch Funken erzeugt werden (S. 30.).

32. Je grösser demnach der Zwischenraum der Verdichtung in den Körpern A und B wird gewesen seyn: desto merklicher wird auch die wechselsweise Näherung, und desto merklicher werden Licht und Funken seyn. Und je kleiner der Zwischenraum der Verdichtung in den Körpern A und B, desto weniger merklich werden alle diese Zeichen seyn. In dem kleinsten Zwischenraume aber, das ist, in dem Gleichgewicht der Dichtigkeit selbst, sind alle Zeichen unmerklich oder nichts. (S. 22. 31.)

33. Die wechſelſeitigen Annäherung aber ſind um ſoviel merklicher, je geſchwinder, und in je gröſſere Diſtanzen der Körper ſie ſich zeigen; hingegen um ſo viel weniger merklich, je langſamer und in je kleinern Abſtänden der Körper, ſie entſtehen. Das Licht iſt um ſo viel merklicher, je lebhafter und verbreiteter es iſt; und um ſoviel weniger merklich, je mehr erſtorben und je kleiner es iſt. Die Funken endlich ſind um ſo viel merklicher, je lauter ſie ſchlagen, und je durchdringender ſie ſind; hingegen um ſo viel weniger merklich, je ſtiller und je ſchwächer ſie ſind.

34. Wenn demnach das elektriſche Flüßige in den Körpern A und B ſich ins Gleichgewicht der Dichtigkeit verſetzt; und je gröſſer dann, oder je geringer der Zwiſchenraum der Verdichtung zwiſchen beyden ſeyn wird: deſto geſchwinder oder langſamer werden die wechſelsweiſen Annäherungen ſeyn, und in ſo gröſſern oder geringern Abſtänden der Körper. Auch das Licht wird deſto lebhafter und verbreiteter oder deſto mehr erſtorben und zuſammengezogen, ſeyn. Die Funken endlich werden deſto lautſchlagender und durchdringender oder aber deſto ſtiller und

mat=

matter seyn. Wenn aber das Gleichgewicht hergestellt ist: so verschwindet alles. (S. 22. 33.).

35. Aber je grösser oder geringer der Zwischenraum der Verdichtung, des elektrischen Flüßigen in den Körpern A und B ist: mit desto grösserer oder geringerer Kraft ergießt sich das Flüßige aus A in B (S. 22.); demnach, mit je grösserer oder geringerer Kraft das elektrische Flüßige aus Körpern von grösserer Verdichtung sich in Körper von mittlerer oder geringerer Verdichtung ergießt: desto geschwinder oder langsamer sind auch die wechselsweisen Annäherungen der Körper, und in desto grössern oder kleinern Abständen der Körper; desto lebhafter und verbreiteter oder aber mehr erstorben und ins Enge gezogen, ist auch das Licht; und desto schallender und durchdringender, oder aber stiller und schwächer, sind die Funken. (S. 34.).

36. Demnach können die Zwischenraume sowohl der Kräfte, als der Verdichtung des elektrischen Flüßigen, das aus dem Körper A in den Körper B übergeht, obenhin gemessen werden: 1) durch die wechselsweisen Annäherungen

der

der Körper, wenn sie geschwinder oder langsamer sind, und in grössern oder geringern Abständen der Körper; 2) durch das lebhaftere und verbreitetere, oder das mehr zusammengezogene und mehr erstorbene Licht; und 3) durch die schallendern und durchdringendern; oder stillern und mattern Funken. (§. 35.).

37. Ich habe gesagt, daß die Kräfte des elektrischen Flüßigen hiedurch obenhin können gemessen werden. Ich will hiemit verstanden haben, daß ich keinesweges die Absicht habe, kleinigkeiten der Kräfte auszumessen. Das würde auf die Elektricitätsmesser hinauslauffen, von denen ich urtheile, daß keiner, der in Kleinigkeiten genug thäte, noch erfunden ist. Ja mehrentheils sind es nur Elektricitätszeiger; vielleicht giebt es gar keiner Elektricitätsmesser. Wenn ich demnach gesagt habe, daß ich die Grade oder Zwischenräume der Verdichtung des elektrischen Flüßigen von der Nulle aufwärts durch die Zustände der grössern Verdichtung, und abwärts durch die Zustände der geringern Verdichtung zähle (§. 12.): so erinnere ich, daß dieselben so zu nehmen sind, daß sie in den wechselsweisen Annäherungen, in dem Lichte

und

und den Funken, (welche ich hernach mehren=
theils die Kennzeichen nennen werde) am mei=
sten merklich und am beständigsten unter sich
verschieden seyn. Ich werde mir aber vornehm=
lich Mühe geben, dasjenige zu bestimmen, was
den Hauptpunkt der Streitsache ausmacht: Ob
nemlich alle Grade der Verdichtung über=
oder alle unter der Nulle existiren: oder
aber einige über andre unter derselben. Und
dieser Frage kann eine dergleichen Ausmessung
am vollständigsten genugthun. Von der Bestän=
digkeit der Kennzeichen aber erinnere ich auch
dieses ausdrüklich, daß ich dasjenige, was alle
Experimente mehrentheils darstellen für bestän=
dig annehme. Denn die Elektricität breitet sich
in Erscheinungen allzusehr aus; und sie ist durch
geheime Bande allzusehr mit der Luft, mit der
Erde, und mit der ganzen Welt zusammenge=
hängt, als daß sie nicht zuweilen auch den ge=
schicktesten Kunstverständigen äffen sollte, indem
sie dem Ansehen nach von Gesetzen abweicht, de=
nen sie sonst folgt. Schon längst ist dieses von
Desaguliers beobachtet worden in der Preis=
schrift, die von der Akademie in Bordeaur im

Jahr

Jahr 1742 ist gekrönt worden *). „Wenn
„ man die verschiedene Umstände vieler elektri=
„ schen Erfahrungen betrachtet: so scheint eine
„ Art von Eigensin dabey zu seyn, oder et=
„ was, das man mit keiner Regel in diesen
„ Erscheinungen zusammenreimen kann. Denn
„ zuweilen gelingt ein Versuch den man vielmal
„ nach einander gemacht hat, auf einmal nicht,
„ oder er hat einen ganz entgegengesetzten Er=
„ folg, obgleich die Umstände die nemlichen zu
„ seyn scheinen. „.

38. Wenn drey paar Körper sind; A und
B; B und C; A und C; A im Stande der
grössern, B im Stande der mittlern C im Stan=
de der geringern Verdichtung: So werden,
nachdem, dem Flüßigen die Hindernüsse zwischen
A und B aus dem Wege gehoben worden, die
Kennzeichen den Uebergang desselben bemerken,
durch wechselsweise Annäherungen, Licht und
Funken. Und wenn das Flüßige übergegangen
seyn wird, das ist, wenn das Gleichgewicht der
Dichtigkeit in beeden Körpern wird hergestellt
seyn

*) Differtation fur l'Electricité. Der Herr Verfasser hat
sie dem zweyten Theile seiner Experimental=Phyſik,
S. 374. der französischen Ausgabe, einverleibt.

seyn: so werden alle diese Kennzeichen aufhören.
(S. 16. 31.) Eben dieses alles wird geschehen,
wenn die Hindernüsse gehoben sind zwischen den
Körpern B und C, desgleichen zwischen A und
C. (S 17. 18. 31.).

39. Es werden aber auch die Kennzeichen
beständig merklich seyn, nach hergestelltem Gleichgewicht der Dichtigkeit, zwischen den Körpern
A oder B, desgleichen zwischen B oder C, und
einem jeden andern von mittlerer Verdichtung.
Auch werden sie beständig merklich seyn, nach
hergestellten Gleichgewichte der Dichtigkeit, zwischen den Körpern A oder C, und einem jeden
andern Körper von mittlerer Verdichtung;
ausgenommen in dem einzigen Falle, wenn
a $=$ c. (S. 19. 31.) In einem jeden Falle
aber werden sie weniger merklich seyn, als sie
vorher zwischen A und B, oder B und C, oder
A und C gewesen sind. (S. 19. 32.)

40. Es seyn drey Körper, A, B, C. A im
Zustande von grösserer, B von mittlerer, C von
geringerer Verdichtung. Wenn dem elektrischen
Flüßigen die Hindernüssen aus dem Wege geräumt sind, so werden die Kennzeichen seiner

Ueber-

Uebergang aus A in B, aus B in C bemerken durch Annäherungen, Licht und Funken; wenn es übergegangen ist, werden alle Kennzeichen schweigen. (S. 20. 31.) Es werden aber auch die Kennzeichen allemal merklich seyn, nach dem Uebergange des Flüßigen, zwischen A oder B oder C, und einem jeden andern Körper von mittlerer Verdichtung, den einzigen Fall ausgenommen, wenn a $=$ c; (S. 21. 31.) jedoch allezeit weniger merklich, als sie zwischen A und C vorher waren. (S. 32.)

41. Es seyn vier Körper, A, a, B, C. A und a von grösserer B von mittlerer, C von geringerer Verdichtung. Wenn dem elektrischen Flüssigen die Hindernisse weggeräumt sind: so werden die Kennzeichen merklicher seyn (das ist, die Annäherungen geschwinder, und in grössern Abständen, das Licht lebhafter und ausgebreiteter und die Funken schallender und durchdringender) zwischen A und B, als zwischen A und a; noch viel merklicher aber zwischen A und C, als zwischen A und a. Auch zwischen A oder a und C werden sie merklicher seyn, als zwischen A oder a und B. (S. 23. 32. 34.)

C   42. Es

42. Es seyn vier Körper, A, B, c, C. A von grösserer, B von mittlerer; c und C von geringerer Verdichtung, jedoch c weniger als C. Wenn dem elektrischen Flüssigen die Hindernüsse gehoben sind: so werden die Kennzeichen zwischen B und C merklicher seyn, als zwischen c und C; noch merklicher zwischen A und c, als zwischen c und C. Auch werden sie zwischen A und c oder C merklicher seyn, als zwischen B und c oder C. (§. 24. 32.)

43. Es seyn vier Körper, A, B, B, C. A von grösserer, B und B, einer wie der andere, von mitlerer, C von geringerer Verdichtung. Obgleich dem elektrischen Flüssigen die Hindernüsse weggeräumt sind: so werden doch die Kennzeichen zwischen B und B schweigen; sie werden aber gleich merklich seyn zwischen A und B, und zwischen A und B; desgleichen gleichmerklich zwischen B und C, und zwischen B und C. Mehr merklich aber werden sie seyn zwischen A und B oder B, als zwischen B oder B und C, wenn $a > c$; weniger merklich, wenn $a < c$; gleichmerklich, wenn $a = c$. (§.25. 32.)

44. Es seyn vier Körper, A, a, B, B, A und a von grösserer Verdichtung, jedoch A mehr als

a;

a; B und B, einer wie der andere, von mittlerer Verdichtung. Wenn dem elektrischen Flüssigen die Hindernüsse weggeräumt sind: so werden
die Kennzeichen zwischen A und B oder B merklicher seyn, als zwischen A und a; gleichmerklich
zwischen A und B, und zwischen A und B,
auch gleichmerklich zwischen a und B, und zwischen a und B. (S. 26. 32.)

45. Es seyn vier Körper, A, a, c, C, A und a
von grösserer Verdichtung, jedoch A mehr als a;
c und C von geringerer, jedoch c weniger als C.
Wenn dem elektrischen Flüssigen die Hindernisse
gehoben sind: so werden die Kennzeichen zwischen A und c merklicher seyn, als zwischen
A und a und viel merklicher zwischen A und C,
als zwischen A und a. Auch werden sie
merklicher seyn zwischen A oder a und C, als
zwischen A oder a und c. (S. 27. 32.)

46. Es seyen endlich vier Körper, B, B, c, C.
B und B, einer wie der andre, von mittlerer;
c und C von geringerer Verdichtung, jedoch c
weniger als C. Wenn dem elektrischen Flüssigen
die Hindernisse weggeschaft sind: so werden die
Kennzeichen merklicher seyn zwischen B oder B
und C, als zwischen B oder B und c; gleichmerk-

lich aber zwischen B und C, und zwischen B und c
auch gleichmerklich zwischen B und C, und zwischen B und C. (§. 28. 32.)

47. Nunmehro werde ich mit diesen Sätzen
die ich richtig zu seyn glaube, die Erscheinungen
der Experimente vergleichen.   Wenn sie mit einander regelmässig übereinkommen, und dasjenige,
was in Zweifel gezogen wird, klar aus den
Experimenten fließt: so werden sie auch nicht
mehr zweifelhaft seyn, sondern mit gleicher Gewißheit einander die Waage halten.

Beobachtung.

48. Zwischen allen und jeden Körpern, die
des elektrischen Flüssigen gleichfähig, aber noch
nicht elektrisirt sind, wird weder eine wechselsweise Annäherung, noch Licht, noch Funken,
beobachtet; wenn gleich die Hindernüsse gehoben sind.

49. Wenn demnach in jeden Körpern, die
des elektrischen Flüssigen gleichfähig, aber noch
nicht elektrisirt sind, das elektrische Flüssige verborgen liegt: so ist es im Gleichgewicht der Dichtigkeit (S. 34.). Dieser Zustand aber ist den

Kör-

Körpern natürlich. Wenn also in dergleichen Körpern das elektrische Flüſſige verborgen liegt: ſo iſt es, in dem natürlichen Zuſtande der Körper, in das Gleichgewicht der Dichtigkeit gebracht. Wenn aber in einem Körper das elektriſche Flüſſige verborgen liegt, daß es in keinen andern gleichfähigen überflieſt: ſo habe ich dieſes den Zuſtand der mittlern Verdichtung genannt (S.12.) Folglich iſt der Zuſtand der mittleren Verdichtung der natürliche Zuſtand der Körper; und er wird auch ſelbſt zum Gleichgewichte der Verdichtung angenommen. (Nach dem vorhergehenden.)

50. Der natürliche Zuſtand der Körper iſt auch ſelbſt das Zero oder der feſte Punkt; und die Zuſtände, die ihn übertreffen, ſind von gröſſerer, die aber mangeln, von geringerer Verdichtung. (S. 12. 13. 14.) Demnach liegt die ganze Kraft der Kennzeichen darinn, daß ſie, wenn ſie von dem feſten Punkte, das iſt, von dem natürlichen Zuſtande der Körper, abgehen, die gröſſern oder geringern Verdichtungen merklich bezeichnen. (S. 36. 37.)

51. Wenn ich aber geſagt habe, daß der natürliche Zuſtand der Körper der zuſtand mittleren Ver-

C 3 dich-

dichtung und der feſte Punkt ſey (§. 49. 50.):
ſo habe ich damit keineswegs geſagt, daß gleich
viele Theile vom elektriſchen Flüſſigen enthalten
ſeyn in einem gleich groſſen Raume der Körper;
zum Exempel des Glaſes, des Metalles, des
Schwefels, welche noch nicht elektriſirt, mit kei=
nen Kennzeichen der Elektricität ſich zu erken=
nen geben: ſondern daß, wenn welches darinn
enthalten iſt, unter demſelben Raume des elek=
triſchen Flüſſigen dieſelbe Quantität des Flüſſi=
gen in allen enthalten ſey. Denn hieraus folgt
nicht weniger der Zuſtand des Gleichgewichts
der Dichtigkeit. Ich werde aber Verſuche an=
ſtellen ſowohl mit Körpern von gleichartiger Maſ=
ſe als auch mit gleichen und ähnlichen Körpern.

Verſuch.

52. Zurüſtung.   Ich bringe die Kette auf
die Inſel, das Kiſſen auf das feſte Land. An die
Kette und an das Kiſſen befeſtige ich zwey gleiche
und ähnliche Meſſingblätchen, auf die Inſel ge=
ſetzt, ein drittes, gleiches und ähnliches, Meſ=
ſingblätchen halte ich beyſeite auf dem feſten
Lande. Ich elektriſire.

Er=

Erscheinungen 1.) Ein leichtes Kügelchen von Kork oder Metall, das, aus der Insel, zwischen dem Bleche der Kette und dem Bleche des Kissens herunterhängt, gehet hin und
her, und locket zwischen beyden Licht und Funken hervor. 2.) Dasselbe Kügelchen gehet hin
und her, und locket Licht und Funken hervor
zwischen dem Bleche der Kette, und dem dritten von natürlichem Zustande. 3.) Das Hin-
und Hergehen, das Licht und die Funken, sind
in beyden Fällen, dem Ansehen nach, einander
ähnlich. 4.) Aber weder aus dem Lichte, noch
aus den Funken kann nicht gewiß unterschieden
werden, ob sie aus dem Bleche der Kette in
das Blech des Kissens oder in das Blech von
natürlichem Zustande übergehen; oder umgekehrt.
5.) Dasselbe Kügelchen gehet weder hin noch
her, vielweniger lockt es Licht und Funken hervor zwischen den Blechen des Kissens und des
natürlichen Zustandes.

Folgerung: Das elektrische Flüssige setzet
sich in das Gleichgewicht der Dichtigkeit sowohl
zwischen der Kette und dem Kissen, als zwischen
der Kette und den Körpern von natürlichem Zustande (nach der Ersch. 1 und 2. und S. 31.);
und zwar in beyden Fällen, dem Ansehen nach

C 4 mit

mit gleicher Kraft (nach der Ersch. 3. und S. 35.)
Hieraus kann jedoch nicht entschieden werden,
ob es aus der Kette in das Kissen, und in die Körper von mittlerer Verdichtung, fliesse, oder umgekehrt (nach der Ersch. 4.); das ist, ob die
Kette im Stande der grössern oder vielmehr der
geringern Verdichtung stehe (S. 18.); oder ob
die Dichtigkeit des elektrischen Flüssigen über,
oder vielmehr unter der o sey (S. 13. 14.).
Das Kissen aber, und die Körper von natürlichem Zustande sind von gleicher Verdichtung
(nach der Ersch. 5. und S. 34. 48. 49.).

Satz. Wenn das geschiehet, was in der Zurüstung vorgeschrieben worden: so ist eins von
beyden wahr: die Kette nämlich ist entweder im
Stande der grössern, oder der geringern Verdichtung. Das Kissen aber ist im natürlichen
Stande.

Versuch.

53. Zurüstung. Ich bringe die Kette auf das
feste Land, das Kissen auf die Insel. An beyde
befestige ich Messingbleche, wie oben (S. 52.)
Auch halte ich ein drittes Messingblech beyseite,
wie vorhin. Ich elektrisire.

Er-

Erscheinungen: 1) Ein leichtes Kugelchen von Kork oder Metall, das, aus der Insel, zwischen dem Bleche der Kette und dem Bleche des Kissens herabhängt, gehet hin und her, und lockt Licht und Funken zwischen beyden hervor. 2) Dasselbe Kugelchen gehet hin und her zwischen dem Bleche des Kissens und dem dritten Bleche von natürlichem Zustande, und lockt zwischen denselben Licht und Funken hervor. 3) Das Hin = und Hergehen, das Licht und die Funken, sind in beyden Fällen, dem Ansehen nach, einander gleich. 4) Aber weder aus dem Lichte noch den Funken kann man gewiß unterscheiden, ob sie aus dem Bleche der Kette oder des Körpers in natürlichem Zustande in das Blech des Kissens übergehen, oder umgekehrt. 5) Dasselbe Kugelchen aber gehet weder hin noch her, vielweniger lockt es Licht und Funken hervor zwischen den Blechen der Kette und des natürlichen Zustandes.

Folgerung: Das elektrische Flüssige setzt sich ins Gleichgewicht der Dichtigkeit sowohl zwischen der Kette und dem Kissen, als zwischen dem Körper in natürlichem Stande und dem Kissen (nach der Ersch, 1. 2. und S. 31.); und zwar in beyden Fällen, dem Ansehen nach

mit

mit gleicher Kraft (nach der Ersch. 3. und S. 35.). Man kann jedoch hieraus nicht urtheilen, ob das Kissen im Stande der geringern, oder vielmehr der grössern Verdichtung sey (nach der Ersch. 4 und S. 18.). Die Kette aber, und der Körper in natürlichem Stande, sind von gleicher Verdichtung (nach der Ersch. 5. und S. 34. 48. 49.)

Satz: Wenn das geschieht, was bey der Zubereitung ist vorgeschrieben worden: so ist eines von beyden wahr: Entweder ist das Kissen im Stande der geringern, oder der grössern Verdichtung. Die Kette aber ist in natürlichem Stande.

Versuch.

54. Zurüstung: Ich bringe die Kette und das Kissen auf das feste Land. An beyde befestige ich Bleche, wie vorher (S. 52. 53.). Auch halte ich ein drittes Blech beyseite. Ich elektrisire.

Erscheinungen: Ein leichtes Kugelchen, von Kork oder Metall, gehet nicht hin und her 1) weder zwischen den Blechen der Kette und des Kissens, noch 2) zwischen den Blechen der Kette und des natürlichen Standes, noch

noch 3) zwischen den Blechen des Kissens und des natürlichen Standes. 4) Vielweniger zeigen sich Licht und Funken in irgend einem Falle. 5) Nichts destoweniger wird die Kugel selber, die von Kissen gerieben wird, elektrisirt; wie in den vorhergehenden zwey Versuchen.

Folgerung: Das elektrische Flüssige setzt sich in keinem von den drey Fällen, merklich in das Gleichgewicht der Dichtigkeit, zwischen der Kette dem Kissen und Körper von natürlichen Stande (nach der Ersch. 1. 2. 3. 4. und §. 31.); obgleich die Kugel sich wie sonsten verhält (nach der Ersch. 5.).

Satz. Wenn das geschiehet, was bey der Zurüstung vorgeschrieben ist: so sind die Kette und das Kissen, dem Ansehen nach im Stande der natürlichen Verdichtung.

Versuch.

55. Zurüstung. Ich bringe die Kette und das Kissen auf die Insel. Ich befestige an beyde Messingbleche, wie sonsten. Ein drittes halte ich beyseite. Ich elektrisire.

Erscheinungen: Ein leichtes Kugelchen von Kork oder Metall, das aus der Insel herabhängt, gehet zwischen dem Bleche der Kette und dem Bleche des Kissens hin und her. 2) Auch gehet

het daßelbe zwiſchen den Blechen der Kette und
des natürlichen Standes hin und her.　3) Eben
daſſelbe gehet hin und her zwiſchen den Blechen
des natürlichen Standes und des Kiſſens.　4)
In jedem Falle zeigen ſich Licht und Funken.
5) aber ſowohl das Hin = und Hergehen,　als
das Licht und Funken ſind mehrentheils merklicher zwiſchen den Blechen der Kette und des
Kiſſens, als zwiſchen den Blechen der Kette,
oder des Kiſſens, und des Körpers in natürlichem Stande.　6) Gewiß kann man aber doch
nicht unterſcheiden, weder aus dem Lichte noch
den Funken, ob ſie aus der Kette in das Kiſſen
und den Körper in natürlichem Stande oder aus
dem Kiſſen in die Kette und den Körper in natürlichem Stande, übergehen.　7) Jedoch ſind
das Hin = und Hergehen,　das Licht und die
Funken, weniger merklich zwiſchen den Blechen
der Kette, oder des Kiſſens, und des Körpers
in natürlichem Stande, als zwiſchen eben denſelben in den Verſuchen S. 52. 53. *)

Fol-

*) Die ſchöne und wichtige Erſcheinung in dieſem Ver-
ſuche iſt von dem berühmten Beccaria, königlichen
Profeſſor in Turin, entdeckt worden: "Wenn ſowohl
„ die Maſchine als die Kette inſulirt ſind: ſo gibt erſt-
„ lich die Kette einige wenige elektriſche Zeichen,
„ welche

Folgerung: Das elektrische Flüssige setzt sich in das Gleichgewicht der Dichtigkeit sowohl zwischen der Kette und dem Kissen, als zwischen der Kette und dem Körper in natürlichem Stande, und zwischen dem Kissen und dem Körper in natürlichem Stande, und (nach der Ersch. 1. 2. 3. 4. und §. 31.); und zwar, dem Ansehen nach, merentheils mit grösserer Kraft, zwischen der Kette und dem Kiessen, als zwischen der Kette, oder dem Kissen, und dem Körper in natürlichem Stande (nach der Ersch. 5. und §. 32.). Gewiß

„ welche nach und nach schwächer werden, und in
„ kurzem gänzlich verlöschen.   Hernach, wenn die Zei-
„ chen der Kette ausgelöscht sind, fangen die elektri-
„ schen Zeichen an, sich an der Maschine zu zeigen,
„ welche ebenfalls balde schwächer werden und aufhö-
„ ren.   Auf das neue nachdem die Zeichen an der Ma-
„ schine verloschen sind, fangen sie in der Kette wieder
„ an; und so immer wechselsweise. „ Dell' Elettricismo artificiale e naturale, Libri due Torino, 1753. 4.
S. 6.   Es erzählt aber der berühmte Paul Friß,
er habe wahrgenommen, daß diese Erscheinung nicht
erhalten werde, wenn nicht die Insel sowohl des Kissens als der Kette allerdings sehr weitläufig und gleichsam unmeßlich sey. Dissertationes selectæ I. Alberti
Euleri Paulli Frisii & Laurentii Beraud, quæ ad im-
perialem scient. Petropolitanam Academiam A. 1755.
missæ sunt. Lucæ, 1757. 8.

wiß kann jedoch hieraus nicht festgesetzt werden,
woher das Feuer komme, noch wohin es gebracht werde (nach der Ersch. 6.); ob es gleich
allezeit mit geringerer Kraft fortgetragen wird,
als wenn entweder die Kette auf der Insel, das
Kissen auf dem festen Lande ist; oder umgekehrt.
(nach der Ersch. 7.)

Satz: Wenn das geschieht, was bey der Zurüstung vorgeschrieben worden: so ist eines von
beyden wahr: entweder ist die Kette im stande
einer grössern, das Kissen im Stande einer geringern Verdichtung; oder dieses ist in dem
Stande einer grössern, jene im Stande einer
geringern Verdichtung; als der natürliche Zustand ist.

56. Man setze: die Kette und das Kissen in
dem vorhergehenden Versuche (S. 55.) seyn beyde entweder von grösserer oder geringerer Verdichtung, jedoch die eine mehr oder weniger als
das andere, das dritte Blech sey in natürlichem
Zustande.

Es sey das erstere; nemlich die Kette und
das Kissen seyn von grösserer Verdichtung, die
Kette jedoch mehr als das Kissen: so werden
die

die Kennzeichen weniger merklich seyn zwischen der
Kette und dem Kissen, als zwischen der Kette,
oder dem Küssen, und dem Körper in natürlichem Stande. Eben das gilt auch, wenn das
Kissen an Verdichtung die Kette übertrift. (S. 44.)
Aber dieses widerspricht der Erscheinung (5 in
Verf. S. 55.) — Es sey ferner sowohl die Kette als das Kissen von geringerer Verdichtung,
jedoch die Kette weniger als das Kissen: so werden die Kennzeichen weniger merklich seyn, zwischen der Kette und dem Kissen, als zwischen
der Kette oder dem Kissen, und dem Körper in
natürlichem Stande. Wenn der Kette mehr,
dem Kissen weniger an Verdichtung mangelt:
so erfolgt eben das (S. 46.). Aber auch dieses
wiederspricht eben derselben Erscheinung (5. S.
55).

57. Die Kugel, die von dem Kissen gerieben,
von der Kette berührt wird, verhält sich immer
auf dieselbe Weise (S. 3.). Es geschiehet aber nicht
anders als durch Reiben (S. 11.), daß auch sie selbst
elektrisirt, wird und mit ihr bald die Kette (S. 52.);
bald das Kissen (S. 53.); bald keines von beyden
(S. 54.); bald beyde (S. 55.). Und zwar wird
die Kugel selbst auf beständig gleiche Art elektrisirt, (S. 54. Ersch. 5.), da hingegen die Kette
                                        und

und das Kissen allemahl mit einer entgegengesetz
ten Elektricität streiten (Sätze S. 52. 53. 55.).
Demnach wird durch das Reiben der Kugel zu=
wegegebracht, daß das elektrische Flüssige, da
es vorher in diesen Körpern muß verborgen ge=
legen haben (S. 11.) aus einem in den andern
übergeführt wird, dergestalt daß entweder mehr
oder weniger Masse in eben denselben Raum
getrieben wird (S. 13. 14.). Durch das Rei=
ben der Kugel also wird das elektrische Flüssi=
ge entweder aus dem Kissen geschöpft und in
die Kette übergegossen ; oder umgekehrt ; das ist:
die Kugel, die durch Reiben elektrisirt wird,
ist eine Elektricitäts = Pumpe.

58. Weil aber das übergeführt elektrische Flüssige
entweder im Kissen oder in der Kette muß
verborgen gelegen haben (§ 57.); und da, vor
dem Elektrisiren die Kennzeichen zwischen den
Blechen des Kissens und der Kette völlig schwei=
gen (§ 48.): so ist das Flüssige in beyden ins
Gleichgewicht der Dichtigkeit gebracht worden
(S. 34.). Folglich hat das elektrische Flüssige
in dem Kissen und der Kette, da diese in den
natürlichen Zustand gesetzt waren, wirklich im
Gleichgewichte der Dichtigkeit verborgen ge=
                                            legen ;

legen; das ist, es war von mitlerer Verdich=
tung (§. 49.) *)

59. Was aber von der physischen Natur des
Kissens und der Kette gilt, insoweit sie das
elektrische Flüssige zu enthalten fähig sind; eben
das gilt auch nicht nur von andern gleicharti=
gen, sondern allerdings von allen Körpern des
festen Landes **); mit dem einzigen Unter=
schied, daß einige ein wenig leichter, andre
schwerer, die Zustände einer grössern oder ge=
ringern Verdichtung annehmen. (Nach unzäh=
lichen Erscheinungen der elektrischen Versuche.)
Demnach enthalten alle Körper des festen Lan=
des, wenn sie in natürlichem Stande sind,
das elektrische Flüssige wirklich in einer gleich=
wichtigen und mittleren Dichtigkeit. (49. 58.)
60.

*) Das Kissen verfertige ich aus Leder von schwarzer
Farbe. Unter das Leder lege ich Metallblätter; und
ein metallener Streiffen geht überal um den Rand
herum. Ein andrer metallener Streiffen geht von dem
Kissen herunter auf einen steinernen oder andern Fuß=
boden.

**) Ich hätte auch das Wort des festen Landes weg
lassen, und dadurch den Sinn allgemeiner machen
können; wenn ich es nöthig zu seyn erachtet hätte.

D

60. Folglich, wo nur ein Körper von größerer Verdichtung, durch eine freye Gemeinschaft, mit dem festen Lande zusammenhängt: da wird das elektrische Feuer aus jenem in dieses überfliessen, bis es in beyden zu einem gleichwichtigen Zustande der Verdichtung wird gelanget seyn (S. 16.). In einen Körper aber vom geringerer Verdichtung wird es, aus gleicher Ursache, aus dem festen Lande abfliessen (S. 17.); in beyden Fällen jedoch mit dem einzigen Unterschiede, daß es von einigen in andre mit größerer oder geringerer Kraft übergetragen wird.

Wo aber dem elektrischen Flüssigen die allernächste und leichteste Ueberfahrt offen stehet; das ist: wo das feste Land mit den fertigsten Leitern verknüpft wird (S. 4. in d. Anm.): da ist auch der Uebergang des Feuers am leichtesten und geschwindesten (S. 59.).

61. So geschwind aber auch das Feuer aus der Kugel in die Kette u. s. w. geführt wird: so muß gleichwohl, da alle bewegte Körper die Räume nach und nach nicht in einem Augenblicke durchwandern (nach den Grundsätzen der Mechanik) 1) so muß sage ich auch das elektrische Feuer an dem einen Ende der Kette,

das

das an der Kugel anliegt, eher verdichtet werden, als an dem entgegengesetzten Ende. Folglich ist die Kette in jedem kleinsten Augenblicke der Zeit mit einer doppelten Elektricität begabet; und beyde Elektricitäten sind von grösserer oder geringerer Verdichtung, die eine jedoch mehr oder weniger als die andre. Und wenn die kleine Zeitpunkte in einer beständigen Reihe auf einander folgen; das ist: wenn man das Elektrisiren gleichförmig fortsetzt: so dauren dieselben Zwischenräume der Verdichtung die ganze Zeit durch, als elektrisirt wird.

62. Wenn diese Zwischenräume der Verdichtung groß genug sind, daß sie können bemerkt werden: so werden die Kennzeichen zwischen beyden Enden der Kette die Zwischenräume anzeigen. (§. 36.)

63. Demnach sind die wechselsweisen Annäherungen, das Licht die Funken, nicht allemal Anzeigen einer entgegengesetzten, sondern zuweilen auch einer stärkern oder schwächern Elektricität. (§. 62.)

64. Daher kann aus der blossen wechselsweisen Annäherung, dem, Lichte den Funken,

nicht

nicht gewis unterschieden werden, ob zween elektrisirte Körper in den Zuständen einer entgegengesetzten, oder vielmehr einer stärkern oder schwächern Elektricität seyn (S. 63.). Um aber zween solche Körper zu beurtheilen, muß man einen Dritten von natürlichem Stande dazu nehmen, und mit demselben, als dem festen Punkte, der o ist, vergleichen, was über oder unter der Null zu seyn scheint. (S. 55. 56. 59.)

65. Um deswillen sind nicht wenige Schriftsteller mit Rechte in den Tädel ihrer Gegner verfallen, da sie aus den wechselsweisen Annäherungen auf die entgegengesetzte Elektricität geurtheilt, den festen Punct aber doch nicht genug erklärt haben. (S. 46.)

66. Bevor ich aber mehrers hievon sage: so werde ich zeigen, daß die Erscheinungen, welche die vorhergehende Versuche gezeigt haben, und welche vorher von mir nicht erklärt worden sind mit den Gesetzen der entgegengesetzten Elektricität übereinstimmen.

Wenn die Kette auf die Insel, das Kissen aufs feste Land gebracht wird (S. 52.): so fließt das elektrische Feur aus der Kette in das Kissen,

fen, oder in die Körper von natürlichem Stande (oder umgekehrt) mit gleicher Kraft (nach
der Ersch. 3. S. 52.) wegen dem gleich leichten
Uebergange aus dem Kissen und dem festen
Lande in die Kette (oder umgekehrt) (§. 60.)
Es fließt nicht aus dem Kissen auf das feste
Land (oder umgekehrt), (Ersch. 5. S. 52.)
wegen der gleichwichtigen Dichtigkeit auf dem
ganzen festen Lande. (S. 59.)

67. Wenn die Kette auf dem festen Lande,
das Kissen auf der Insel ist (S. 53.): so fließt
auch hier das elektrische Feuer, aus dem Kissen in die Kette, oder in die Körper von natürlichem Stande, (oder umgekehrt), mit gleicher Kraft (Ersch. 3. S. 53.); wegen dem gleich-
leichten Uebergange aus dem Kissen in die Kette, oder in die Körper von natürlichem Stande, (oder umgekehrt) (Ersch. 3. S. 53.) Es
fließt aber nicht aus der Kette auf das feste Land
(oder umgekehrt); (Ersch. 5. S. 53.) wegen
der gleichwichtigen Dichtigkeit auf dem ganzen
festen Lande. (S. 59.)

68. Wenn die Kette und das Kissen auf
dem festen Lande stehen: (S. 54.) so fließt das
Feuer, wegen der gleichen Dichtigkeit des elek-

D 3   trischen

trischen Flüssigen auf dem ganzen festen Lande (S. 59.) weder zwischen der Kette und dem Kissen, noch zwischen der Kette und dem übrigen festen Lande, noch zwischen dem Kissen und dem übrigen festen Lande; (Ersch. 1. 2. 3. S. 54.) obgleich die Kugel wie in andern Fällen elektrisirt wird (Er. 5. S. 54.). Denn was die Kugel aus dem Kissen schöpft (S. 57.) und in die Kette ausgiest (oder umgekehrt): das wird sogleich wieder in das Kissen zurückgegossen, wegen dem leichtesten Uebergange aus dem übrigen festen Lande. Und was aus der Kette auf das feste Land ausgetrieben wird, (oder aus dem festen Land in die Kette gesogen wird) das wird sogleich wieder zerstreut wegen dem leichtesten Uebergange aus der Kette auf das feste Land (S. 8.). *)

69.

*] Wenn der Uebergang nicht der leichteste ist: so sind die Kennzeichen merklich. Denn, es sey das Kissen mit der Maschine auf einem hölzernen oder steinernen Fußboden, auf dem festen Lande; und jemand berühre ganz gelinde mit einem Finger den metallenen Gürtel oder Streifen des Kissens: so wird er alle Funken fühlen, die von einer andern von ihm entfernten Person, auf dem festen Lande, aus der Kette werden gelockt werden. Ich habe dieses wohl tausendmal in Versuchen wahr befunden.

69. Wenn die Kette und das Kiſſen auf der Inſel liegen (§. 55.): ſo flieſt das elektriſche Feuer aus der Kette in das Kiſſen, (oder umgekehrt) und nach weggeräumter Hindernis, flieſt es aus dem einen von beyden auf das feſte Land, von dem feſten Land in das andre von beyden, (oder umgekehrt). Jedoch ſind die Kennzeichen zwiſchen denſelben weniger merklich, als zwiſchen eben denſelben in den Verſuchen §. 52. und 53. (Erſch. 7. §. 55.); weil das, was aus dem Kiſſen geſchöpft (§. 57.) und in die Kette ergoſſen wird, (oder umgekehrt), nicht ſogleich wieder aus dem feſten Lande in das Kiſſen zurückgegoſſen wird, wegen dem höchſtſchweren Uebergange aus der Inſel (§. 8.)

Verſuch.

70. Zurüſtung: Ich mache zwo Elektriſir-Maſchinen zurechte. In die eine hänge ich eine gläſerne Kugel in die andre eine Schwefelkugel. Beyde haben ihr Kiſſen und ihre Kette. An beyde Ketten befeſtige ich Meſſingbleche. wie ſonſten. Ein drittes Blech, von natürlichem Stande, halte ich beyſeite auf dem feſten Lande. Ich elektriſire.

D 4

Er-

Erſcheinungen: 1) Ein Kügelchen, das aus
der Inſel herunterhängt, geht hin und her;
auch entſtehen Licht und Funken, ſowohl zwiſchen dem Bleche der Kette der gläſernen Kugel, und jenem dritten vom feſten Lande; als
auch zwiſchen dieſem und dem Bleche der Kette der Schwefelkugel. 2) Alles jedoch iſt mehrentheils weniger lebhaft zwiſchen dem Bleche
der Kette der Schwefelkugel und dem Bleche
des feſten Landes als zwiſchen dieſem und dem
Bleche der Kette der gläſernen Kugel. 3) Mehr
lebhaft aber iſt alles zwiſchen den Blechen der
Kette der gläſernen Kugel und der Kette der
Schwefelkugel; als zwiſchen den Blechen bey
der Kette und dem Bleche des feſten Landes.

Die Folgerung iſt eben Dieſelbe, wie bey
S. 55, wenn man, an ſtatt dem Bleche des
Kiſſens, das Blech der Kette der Schwefelkugel
ſezet.

Saz: Eins von beyden iſt wahr: Entweder
iſt die Kette der gläſernen Kugel von größerer,
die Kette der Schwefelkugel aber von geringerer Verdichtung; oder aber umgekehrt.

71. Unter allen Hypothesen von der Elektricität, die jemals die Welt vorher gesehen hatte, hat diejenige von dem berühmten Herrn Abt Nollet allemal den Vorzug davon getragen. Diese Hypothese sezet einen Zwiefachen, einander zu gleicher zeit entgegen laufenden Strohm des elektrischen Feuers wovon der eine mit immerwährenden Zuflüssen, der andre mit Ausflüßen, die Elektricität unterhält: nicht wenige und zwar vortreffliche Erscheinungen haben dieser Hypothese allemal günstig zu seyn geschienen. *) Nicht längst aber hat Herr Benjamin Franklin, ein Colonist in Pensylvanien in Amerika ein scharfsinniger und geschikter Mann, indem er, mit einigen Gehülfen, neue Versuche unternahm einen einzigen Strohm, mit großer Uebereinstimmung der Versuche, in die Elektricität eingeführt; und mit diesem einzigen Strohme zugleich die doppelte Elektricität, wovon die eine mehr elektrisches Feuer, als gewöhnlich, in die Körper göße, die andre es ihnen benähme.

D 5   *) Die

*) S. Essai sur l'Electricité des Corps —— Paris, 8. Recherches sur les causes particulières des Phénoménes électriques —— Paris 1750 8. Und an vielen Orten der Memoires de l' Acad. Roy. des Sciences. Die erstere Schrift hat Gordon Deutsch herausgegebn.

*) Die erstere nennete er die positive Elektricität oder me.hr die andre die negative oder weniger; und also völlig so, wie wir die eine von gröserer, die andre von geringerer Verdichtung nennen. Er hat aber ein wenig einen andern Weg eingeschlagen, als den ich bisher betreten habe; er wählte den breitern und sichern Weg, indem er die Leidensche Flaschen mit Experimenten untersuchte. Denselben Weg aber werde auch ich alsbald verfolgen, und die Erscheinungen der Flasche mit den vorhergehenden vergleichen. Bald hernach sind vortrefliche Geister durch ganz

*) *New Experiments and Observations on Electricity made at Philadelphia in America, by Benj. Franklin Esquire, and communicated in several lettres to P. Collinson Esq. of London F. R. S. the second Edition London* 1754 4. Dieses Buch hat darauf Herr Dalibard im Jahr 1753. französisch herausgegeben, mit dem Titel *Expériences & Observations sur l' Electricité suites à Philadelphie &c. Seconde Edition revue corrigée & augmentée d' un supplément, considerable du méme Auteur avec des notes & des Experiences nuvelles* 12. 2. Vol. In deutscher Sprache hat eben dieses Buch J. C. Wilke herausgegeben, und nicht weniger Anmerkungen mit vieler Beurtheilungskraft beygefügt. Des Herrn Benjamin Franklins *Esq.* Briefe von der Elektricität Stokholm, 1758. 8.

ganz Europa in großer Anzahl den Herrn Franklin nachgefolgt: In Paris Delor und Dalibard und neulich Herr Le Roy in Turin
Herr Prof. Beccaria; in Engeland Canton
und andre; in Petersburg Richmann und neulich Aepinus; in Deutschland viele.

Obgleich aber der berühmte Herr Du Fay
ehmaliges Mitglied der Akademie in Paris, von
einer gewissen Art von doppelter Elektricität,
der gläsernen und harzigten, einiges zwar entdeckt hat *): so war für ihn die Sache doch
noch nicht genug entwikelt, noch von andern
einiger Fleiß daran gewendet worden. Ganz
neulich aber wurde die Harz-Elektricität auf
das neue in Amerika zurüke gebracht, durch
Herrn Kinnersley einen Freund Franklins **)
Und als die Erscheinungen derselben mit den
Erscheinungen der Glas-Elektricität verglichen
wur-

*) Memoires de l'Acad. des Sciences 1733 Quatriéme
Memoire sur l'Electricité par Mr. *Du Fay* de l'At-
traction & Repullion des corps electriques.

**] Siebender Brief von Herrn E. Kinnerley zu Bo-
ston an Benjamin Franklin, 1752. S. Franklins
Briefe, S. 131.

wurden: so fand man, daß jene gegen diese
streite. *)

72. Am ersten aber soviel ich weis, und am
schärfesten, hat der obengenante Abt Nollet der
doppelten und entgegengesezten Elektricität den
Krieg angekündigt, in einem im Jahr 1753
herausgegebenen Bande von Briefen die er theils
an Franklin, theils an andre geschrieben hatte.
**) Diesen Krieg hat er fortgesezt in den Ab-
handlungen der königlichen Akademie der Wissenschaften, an verschiedenen Stellen sowohl als
in dem Bande des Jahrs 1755. „Man be-
„gnüget sich nicht, zwo Claßen von Körpern
„zu unterscheiden, die fähig seyn die Elektrici-
„tät dergestalt mitzutheilen, daß gemeiniglich
„verschiedene und entgegengesezte Wirkungen
„daraus entstehen. Man will, daß es in der
„Natur zwo Elektricitäten gebe, die von ein-
„ander deutlich unterschieden, und durch be-
„stän-

*) S. D. angef. Ort, und Mem. de l'Acad. Roy.
des sciences 1755. Memoire sur l'Electricité *resineuse*,
où l'on montre, qu'elle est réellement distincte de
l'Electricité *vitrée*, &c. par Mr. *le Roy*. S. 264.

**) Lettres sur l'Electricité &c. Nouvelle Edition, Paris
1760. 8. II. Parties.

„ ständige Kennzeichen bezeichnet seyn; und die-
„ se Kennzeichen seyn einer jeden von denselben
„ eigenthümlich.   Eben dieses ist der Vorwurf
„ der Streitigkeit, in die ich mich gegenwärtig
„ verwickelt befinde. Eben gegen dieses letztere
„ Vorgeben nehme ich mir vor zu zeigen: daß die
„ Unterscheidung der zwo Elektricitäten, der
„ der harzigten und der gläsernen, als zwoer
„ verschiedenen Gattungen; nicht gegründet sey;
„ 1) Weil die Erfahrungen, auf die man sich
„ stützt, um diesen Unterscheid festzusetzen, nicht
„ unveränderlich sind, wie man vorgiebt; 2)
„ Weil man daraus nichts schliessen kann für die
„ Sache, zu deren Gunsten man sie zum Be-
„ weise anführt; 3) Weil man sie ohne Ge-
„ waltthätigkeit, auf eine verständliche und we-
„ nigstens wahrscheinliche Art erklären kann aus
„ Grundsätzen, die genugsam bekandt und über-
„ dies genugsam bewiesen sind. „ Memoir. de
l' Acad. des Scienc. 1755. S. 296. und Lettres
sur l' Electricité Part. II. pag. 85. 86.

73. Allein es ist auch Vieles gegen die Ein-
wendungen des Herrn Nollets von den Frank-
linianern geschrieben worden, seit jener zeit,
als der Streit ausbrach. Einiges davon ist mit
Franklins Briefen herausgegeben worden; an-

deres

deres anderswo.   Ich will offenhertzig sagen,
was ich dencke.   Wenn ich den Franklin lese;
so scheinen alle Erscheinungen Franklinen günstig zu seyn ; hingegen scheinen ihm nicht wenige zuwider zu seyn,   wenn ich Nolleten lese.
Was soll ich also denken? Führt die Natur in
ihrem eigenen Busen Krieg? Keineswegs! Ich
selbst muß mit Experimenten versuchen, und sehen,   und mit scharfer Beurtheilungskraft unterscheiden, was als Wahr und als Falsch kann
und muß bestimmt werden.   Ich bin aber der
Meinung, daß ich weder in den Versuchen,
noch in der Kraft zu urtheilen,   werde gesün-
digt haben, da ich die wahrere Franklinischen
Säze bestimmt habe. (S. 55. u. 56,) ob ich gleich
Alles so von mir will gesagt haben, wie es sich
für einen gebührt, der der Natur, nicht den
Streitigkeiten ; nachgehet.

74. Ich bin auch nicht derjenige der den Streit
zwischen Nollet und Franklin und dessen Nach-
folgern, weder bey zu legen noch auch hitziger
zu machen Willens wäre, oder es mir getraue-
te.   Ich führe meine eigene Sache.   Und damit ich sie nicht unglücklich führen möge: so ist
von mir allerdings ernstlich und fleißig darauf
zu

zu sehen, was die Einwürfe des Herrn Nollets
auf mich vermögen.   Herr Nollet selbst bringt
alles auf drey Hauptpuncte (§. 72.): Erstlich
sagt er, seyn die Kennzeichen der entgegenge-
setzen Elektricität unbeständig; Hernach, wenn
sie gleich beständig wären: so werde doch die
doppelte entgegengesetze Elektricität unrecht daraus hergeleitet. Endlich, können alle Erscheinungen der Franklinianer durch andre längst
bekandte und festgesetzte Grundsätze richtiger erklärt werden.

75. Was für Kennzeichen ich angenommen
habe, und aus welchen Gründen, habe ich oben
erwähnt (§. 36. 37.).   Denn ich urtheile, daß
von dem ersten Einwurfe mich gar nichts angehet. Ich werde auch die Beständigkeit und die
Klarheit meiner Kennzeichen unten noch mehr
vertheidigen, wenn ich die wichtigern Versuche
mit der Leidenschen Flasche vornehmen werde.
Aber auch wider Franklin hat Nollet an diesem Orte nichts.   Er ist fastganz nur wider seinen Collegen Herrn Le Roy.   Dieser hatte den
lichten Kegel der von der Kette des Glases
heraustritt, und das Sternchen das auf der
Kette des Schwefels aufsitzt, zu Kennzeichen bestimmt

stimmt, um die entgegengesetzte Elektricität des Glases und Schwefels zu beweisen. Aber auch andre greift Nollet an, die eben das aus den bloßen Annäherungen, und Entfernungen der Körper herleiten wollten. Diesen setzt er gleich anfangs einen Versuch entgegen, der fleißig angestellt und über sechshundertmal wiederholt worden; in welchem Versuche ihm mehr als 250 mal begegnet ist, das die durch Reiben elektrisirten Harze die Körperchen; die vom Glase elektrisirt waren, nicht anzogen, sondern zurükstießen. Diese Begebenheit stößt allerdings um was von jenen für gewißgehalten wurde; wann sie die Sache nicht aus tiefern Gründen herholen. Man hat ganz neue und sehr scharfsinnige Versuche, bey welchen in einem und eben demselben Körper eine doppelte Elektricität bald zugleich, bald nach einander mit sich selbst streitet Aepinus ein Mitglied der Akademie in Petersburg, hat die nach und nach sich selbst entgegengesetzte Elektricität in den Schwefel und aus Franklins Grundsäzen hergeleitet, und durch einen Versuch bewiesen *) Vortrefflicher aber

ist

*) Akademische Rede von der Aehnlichkeit der elektrischen und magnetischen Kraft.

ist eben dieses von ihm bewiesen worden in *Gentlement's Magazin*, 1758. S. 617. an einem gewissen Steine aus der Insel Ceylon, den man *Tourmalin* oder Aschenzieher nennet. Denn von diesem, wenn er über einen erhitzten Körper erwärmt worden, wird das elektrische Feuer bald auf der einen Fläche verdichtet, auf der andern zerstreut; bald aber das verdichtete, oder verdünnte in das Gleichgewicht zurükgebracht. Zwar stüzt sich auch dieses, daß ich die Wahrheit gestehe, auf jenen Grundsaz der Annäherungen und Entfernungen; welcher eben um deswillen schlüpfrig und ungewiß ist, weil er mehrentheils keinen festen Punct hat von dem man jedes Hauptstük eines Beweises herleiten muß (S. 64.) *)

E   76.

Bey der feyerlichen Versammlung der Kayserl. Akad. der Wissensch. am 7. Sep. 1758. 2c. Diese Rede stehet auch in Hamb. Magazin B. 22. St. 3. S. 227. In Petersburg ist sie lateinisch herausgekommen: *Sermo academicus de similitudine vis electrica atque magnetica &c.*

*] *Mem. de l' Acad. des Scienc. A.* 1755. „ Herr „ Du Fay konnte also nur das Anziehen gebrau „ chen um zu erkennen, ob seine Entdekung wirklich „ wäre. Allein da diese Art, sich davon zu versi „ chern

76. Von den leuchtenden Kegeln und Punc-
ten der Ketten aber spricht Nollet gegen seinen
Collegen. „ Ich kann nicht einräumen, daß
„ jene kleinen Flammen, die man leuchtende
„ Punkte nennet, und die eine Schwefelkugel
„ an dem entferntesten Ende des Conductors er-
„ scheinen macht, bloß die Wirkung eines Stroh-
„ mes der elektrischen Materie seyn, der sich
„ dahinein ergießt. Man kann es glauben,
„ wenn man gerne will, daß es so sey, und
„ wenn man keine andern als sehr zugespitzte
„ Leiter, mit einer mittelmäßig starken Elektri-
„ cität, gebraucht. Will man aber ohne Vor-
„ urtheil handeln sich eiserner, fingersdiken
„ Bettstangen deren Ende stumpf sind, bedie-
„ nen; und zu diesen Versuchen Zeiten erwäh-
„ len

„ chern, ungewiß ist: so konnte sie ihn zu falschen
„ Folgerungen verleiten. In der That da die elek-
„ trischen Körper sich allemal anziehen, sobald ihre
„ Elektricität nicht gleich ist; und sich nur dann zu-
„ rück stoßen, wenn sie just auf dem nämlichen Gra-
„ de sich befindet: so konnten die Wirkungen, die er
„ dem Unterschiede der harzigten und glasich-
„ ten Elektricität zuschrieb nur einzig daher kommen
„ weil die eine schwächer war, als die andre, diese
„ Muthmaßung war um soviel wahrscheinlicher, da
„ die Elektricität des Glases überhaupt viel stärker ist,
„ als diejenige von harzigten Materien. „

„ len, die der elektrischen Kraft günstig sind,
„ so getraue ich mir zu versichern daß man die-
„ se Feuer, nicht als unbewegliche Puncte,
„ sondern als kleine Flammen sehen wird, die
„ sichtbar vorwärts schießen, mit einen sanften
„ Winde, der sich auf der Haut empfinden läst
„ und der die Flamme einer kleinen Kerze zu-
„ rücktreibt. Auf diese Art hat Herr Franklin
„ selbst es beobachtet, wie man aus seinem
„ neunten Briefe an Herrn Kinnersley sehen
„ kann. „ (*Mem. de l'Acad.* 1755. S. 301.
und Lettres sur l'Electricité Part. II. nouv. Edit.
pag. 96. 97.

77. Wenn ich von diesen leuchtenden Pinseln
an den Spitzen der Kette etwas urtheilen soll:
so ist es ohngefähr dieses 1) In tausend Versuchen, die behutsam, und vornehmlich an einem
recht finstern Orte angestellt, und bey denen
alle Umstände fleißig beobachtet worden, habe
ich erfahren: wenn einem leuchtenden Kegel,
der, wie viele meynen, aus der etwas dicken
Spitze einer vom Glase elektrisirten Kette her-
kömmt, eine andre gleiche Spitze aus dem festen Lande entgegen gehalten wird: so entstehet
an der entgegengesetzten Spitze ein Sternchen,
doch nur in gewissen Abständen der Spitzen;

E 2   und

und wenn man die entgegengesetzte Spitze bald
nähert, bald zurückzieht: so findet man eine
Distanz, in welcher auf beyde Spitzen sich Pin-
sel setzen, die dem Ansehen nach einander völlig
gleich sind; dergestalt, daß ihre Scheiteln auf beyden Seiten der Spitzen anliegen, die Grundflächen
aber in der Mitten zusammenstoßen. 2) Dasjenige aber, was Noller oft von den Kegeln,
und jetzt auch von den Sternchen, sagt. „ Daß
„ man diese Feuer, nicht als unbewegliche Punc-
„ te, sondern als kleine Flammen sehen werde,
„ die sichtbarlich vorwärts schießen; „ und worin er längstens den Beyfall der strengsten Richtet, die er von der Akademie, der Wissenschaften sich ausgebetten hatte erlangt hat; *) dies
sage ich, habe ich niemals mit Gewißheit beobachten können. Ja je fleißiger ich oft beobachtet hatte: desto weniger konnte ich von mir
selber erhalten, daß ich bestimmen konnte, wohin das Feuer gebracht würde oder woher es
käme: ob ich gleich die Sache auch nach Nollets Vorschrift vornahm: „ Untersuchen sie
„ dieselben mit einem vergröserungs Glase: und
„ Sie werden ihre zunehmende Bewegung gewahr
werden. **) „
                                                78.

*) Lettres sur l' Electricité II. Partie 264. Neue Edition.
**] Eben daselbst, I. Partie. 143.

78. Aber auch andern ist eben das begegnet. Daher kommen bey einigen die Zweifelhaften, bey andern die gleichsam ängstlichen und unzufriedenen Redensarten. Einige haben geradezu geleugnet, was von so vielen für gewis angenommen wurde. Bose sagt (in seinen Comment. III. pag. 86.) "Unter so vielen und „ so sonderbaren Erscheinungen, die gewis sind „ und mit ungezweifelter Wahrheit schimmern, „ stehe ich zuweilen bey mir an, ob man aufs „ genaueste bestimmen könne, ob dieses Feuer „ aus dem elektrisirten oder aus dem berühren= „ den Körper herkomme. Ich weis, daß ich „ das erstere gewis gesehen, und in diesen sie= „ ben Jahren wohl tausendmal beobachtet ha= „ be. Das andre ist vielleicht ein bloßer opti= „ scher Betrug. „ In den Englischen Trans= actionen (N. 486. pag. 213.) giebt Johann *Ellicot*, der Königl. Societät Nachricht von fol= genden Versuche: "Wenn der unelektrische „ Körper er sey stumpf oder spitzig näher an „ das Ende der eisernen Stange gehalten wird „ —: so kommt ein kleiner Strohm von Lich= „ te hervor, der von dem elektrischen gerade „ nachdem unelektrischen Körper zugehet; und „ wenn dieser noch näher gebracht wird: so

E 3 „ springt

„ springt ein Funcken mit einen kleinen knackenden
„ Geräusche heraus, auf den andre in gleichen
„ Zwischenräumen folgen. Und wenn der un-
„ elektrische Körper in einiger Distanz von der
„ Seite der eisenen Stangen gehalten wird;
„ so wird die Spitze desselben öfters lichte er-
„ scheinen, allein kein Theil der elektrisirten
„ Stange wird so seyn. Wenn er näher hin-
„ zugebracht wird: so werden gleichfalls Fun-
„ ken hervorgebracht, in gleich nahen Zwischen-
„ räumen von einander. Diese Funten schei-
„ nen zuweilen, als wenn sie von der Sei-
„ te der elektrisirten Eisenstangen hervor
„ kämen; zu andern Zeiten, als kämen sie
„ von dem unelektrischen Körper. „ — Franklin selbst, gleichwie er über Alles bescheiden und
behutsam spricht, schreibt an Kinnersley im
neunten Briefe S. 138. „ Wenn der Busch
„ lang, gros und sehr ausgebreitet ist: so scheint
„ es, daß der Körper mit welchem er verbun-
„ den ist, das Feuer ausströmet; daß derselbe
„ hingegen solches einsäuget, wenn das Gegen-
„ theil sich findet. Ich bemerke, das, wenn
„ ich meine Knöchel gegen die Schwefelkugel,
„ während ihres Umlaufes, halte, der Strohm
„ von Feuer, der zwischen meinem Knöchel und
„ von

„ von der Kugel entstehet, sich auf deren Uebersflä-
„ che auszubreiten scheint als flöße er aus mei-
„ nem Finger. Bey der Glaskugel verhält sich
„ dieses aber anders. Der kühle Wind, oder
„ dasjenige, dem wir diesen Namen beylegen,
„ und welches wir gemeiniglich an den elektri-
„ sirten Spitzen ausströmen fühlen, ist merkli-
„ cher, wenn man die Glaskugel brauchet, als
„ wenn man die Schwefelkugel nimmt. Es
„ sind aber dieses nur flüchtige Gedanken. „

79. Alles dieses, ob es gleich von meiner Absicht einigermasen entfernet zu seyn scheinen möchte, habe ich doch nicht übergehen können; nicht
daß ich von mir abweisen wollte, was mich
nicht angienge, sondern daß ich vor Augen stellen möchte, worin meine Grundsätze von andrer ihren abweichen; und damit die Ursachen
klar würden, warum ich geurtheilt habe, daß
ich davon abgehen müße. Endlich wird auch
hiedurch klar, warum ich, bey den Erscheinungen der Versuche (52. bis. 55.), allemal gesagt habe: man könne nicht gewis unterscheiden,
woher das Feuer herauskomme, oder wohin
es abfließe. Aus demselben Satze ist zuletzt
auch der geflossen: es könne zwar von mir be-

E 4   stimmt

stimmt werden, daß eine doppelte entgegengesetzte Elektricität zwischen der Kette und dem Kissen wirklich sey; welche von beyden aber in der
Kette welche von beyden in dem Kissen ihren
Sitz habe, müße man unerörtert lassen. Es
wird sich also Niemand darübern wundern was
Aepinus in der Rede, die ich oben (S. 75.)
angeführt habe, schreibt *) „ Man kann zwar
„ überhaupt sehr deutlich ersehen, warum die-
„ se einander entgegengesetzten elektrischen Kräfte
„ durch diese Wörter von einander unterschie-
„ den werden. Warum aber eben diejenige,
„ welche durch das Reiben eines polirten Gla-
„ ses mit einem wollenen Tuche entstehet, die
„ positive; die andre aber, welche am Schwe-
„ fel hervorgebracht wird die negative genannt
„ wird, davon kann ich fast keinen andern
„ Grund, als den Gebrauch im Reden, anfüh-
„ ren. Denn bis itzo ist mir noch keine einzige
„ Erscheinung bekandt, aus welcher man unter-
„ scheiden, ja nicht einmal errathen kann, wel-
„ che von beyden diesen elektrischen Kräften in
„ der Vermehrung oder Schwächung bestehet. „

80.

*] Hamburger Magazin B. 22. S. 235.

80. Was von dem zweyten und dritten Haupt-punkt der Nolletischen Einwürfe mich angehen könnte, davon werde ich weiter unten etwas weniges erinnern. Ich komme demnach jetzo zu den Erscheinungen der Leidenschen Flasche; indem ich dasjenige gleichsam verlasse, was die Sinne schwer in Bewegung bringt, und hin-gegen dasjenige herbeybringen werde, was die-selben erschüttert. „ An statt also uns bey die-
„ sen kleinen Wirkungen aufzuhalten, die man
„ kaum siehet, und die vom ganzen zum Nichts
„ übergehen, sobald nur die geringste Aende-
„ rung in der Behandlung vorgehet : So laßt
„ uns diejenigen Wirkungen zu Rathe ziehen,
„ welche deutlicher in die Augen fallen, und de-
„ ren Größe über diejenigen Umstände, so zu
„ sagen, Meister ist, welche nicht wesentlich sind,
„ oder welche die Wirkungen nur schwächen
„ können. „ *)

Versuch.

81. Zurüstung.   Ich nehme eine Leidensche Flasche, deren innere und äußere Fläche mit

E 5

Metal-

---

*] Lettres sur l'Electricité, par. Mr. L'abbe *Nollet*; Nouvelle Edition. I. Part. pag. 99.

Metallblätchen, wie gewöhnlich überzogen ist. Von jeder der beyden Flächen steigt ein metallener Drath in die Höhe, der oben in einem Hacken umgebogen ist. Ich setze die Flasche auf die Insel. Den Hacken der innern Fläche nähere ich dem Messingbleche der Kette, in der Distanz, daß zwischen dem Hacken und dem Bleche der Kette ein metallenes Kügelchen, das aus der Insel herabhängt, hin- und hergehen kann, und Funken erregt werden können. Den Hacken der äusern Fläche rücke ich zum Bleche des festen Landes, in eben der Distanz. Ich elektrisire.

Erscheinungen: 1) das Metallkügelchen, das aus der Insel herunterhängt, gehet zwischen dem Bleche der Kette und dem Hacken der innern Fläche hin und her. 2) Ein anders Kügelchen das dem vorigen gleich ist, gehet auch hin und her zwischen dem Bleche des festen Landes und dem Hacken der äussern Fläche. 3) Das hin- und Hergehen ist in beyden Fällen gleich geschwinde. 4) Auch werden in beyden Fällen Funken zwischen dem Hacken und den Blechen erzeugt. 5.) Und zwar (dem ansehen nach gewis allemal) gleiche Funken. 6.) Und völlig

in

in eben der Zeit; das ist zwischen dem Bleche.
des festen Landes und dem Hacken der äussern
Fläche entstehet eine Funke just in dem Augenblicke, wenn ein andrer entstehet zwischen dem
Bleche der Kette und dem Hacken der innern
Fläche.   7.) Wenn die Flasche von dem Blechen abgesondert wird: so gehet das erstere Kügelchen hin und her zwischen den Hacken der
innern und der äussern Fläche, und zwar geschwinder (oder gewis eben so geschwinde) als
vorher zwischen den Blechen und den Hacken
(in der Ersch. 1 und 2.)   8. Dieses geschiehet
aber nur im Anfang; bald hernach bewegt sich
das Kügelchen weniger geschwinde, bis es nach
einer ziemlich langen Zwischenzeit gänzlich stille
stehet.   9.) Wenn gleich im anfange da die
Flasche von den Bleche weggerückt worden, die
Hacken einander genähert werden: so entstehet
ein Funke mit einem weit grössern Glanze; von
einer mehrern Grösse; schallender und weit
durchdringender; mit einem Worte, er ist weit
lebhafter, als zwischen den Hacken und einem
jeden der beyden Bleche (in der Ersch. 4.)

Folgerung: das elektrische Flüssige setzt sich
in eine gleichwichtige Dichtigkeit zwischen der
Kette

Kette und dem Hacken der inneren Fläche (Ersch. 1. 4.). Eben das geschiehet zwischen den Körpern von natürlichem Stande und dem Hacken der äussern Fläche (Ersch. 2. 4.); und zwar mit gleicher Kraft (Ersch. 3. 5.), und auf beyden Seiten, in der natürlichen Zeit (Ersch. 6.). Demnach stehet dem elektrischen Flüssigen der leichteste und geschwindeste Weg offen entweder 1. aus der inneren Fläche in die äussere (oder umgekehrt) mitten durch das Glas (nach den Ersch. 1. bis 6.); oder 2. wenn das elektrische Feuer aus der Kette in die innere Fläche zugeleitet, oder von dieser abgeleitet wird: so wird es auch in die äussere Fläche zugeleitet, oder von ihr abgeleitet, durch die Körper des festen Landes; oder endlich 3. wenn es in die innere Fläche zugeleitet worden: so wird es durch die äussere abgeleitet, oder ist es dort abgeleitet: so wird es hieher gebracht, und dränget sich also durch das Innerste des Glases. — Wenn das erste gilt; so werden beyde Flächen entweder von grösserer oder geringerer oder mittlerer Verdichtung seyn, und zwar in gleicher Maaße (nach den bereits angeführten Erscheinungen 1. bis 6.). Aber dieses widerspricht den Erscheinungen 7. 8. 9. Folglich gilt das erste

ste nicht. Es gelte das andre; so wird eben das daraus bewiesen. Folglich gilt das Dritte und zwar so, daß eben soviel von elektrischen Flüssigen von der äussern Fläche abgeleitet oder ihr zugeleitet wird, als die innere Fläche zugeleitet, oder aus ihr abgeleitet wird (Ersch. 5. 6.)

Satz: Wenn das geschiehet, was bey der Zurüstung vorgeschrieben worden: so ist die Leidensche Flasche auf der einen von beyden Flächen im Stande der grössern, auf der andern im Stande der geringern Verdichtung, und zwar in gleichem Maase.

Versuch.

82. Zurüstung: Ich nehme eine Leidensche Flasche, wie bey der vorhergehenden Zurüstung. Die Flasche setze ich auf die Insel. Den Hacken der äussern Fläche nähere ich dem Messingbleche der Kette in der Distanz wie vorher. Den Hacken der inneren Fläche rücke ich an das Blech des festen Landes, in eben der Distanz. Ich elektrisire.

Die Erscheinungen sind alle die nämlichen, wie im vorhergehenden Versuche S. 81.

Die

Die Folgerung eben dieselbe.

Satz: Es ist gleich viel, ob man den innern (wie S. 81.), oder den äussern Hacken der Leidenschen Flasche mit eben derselben Kette elektrisirt. Allezeit ist sie auf einer von beyden Flächen im Stande der grössern, auf der andern im Stande der geringern Verdichtung.

83. Daher wenn der äussere und der innere Hacken der Leidenschen Flasche mit einander verbunden sind, und die Flasche, wie vorher elektrisirt wird: so wird man das Licht und die Funken, der Erscheinung 9. S. 81. 82. niemals erhalten. Denn alsdann, wird eben so viel von elektrischen Feuer der einen Fläche zugeleitet, oder von ihr abgeleitet, als der andern Fläche durch die Kette zugeleitet, oder von ihr abgeleitet wird. Und dieses ist der zweyte Fall, den wir oben in der Folgerung (S. 81.) als widersprechend gezeigt haben. Es ist fast eben das, wenn in dem Glase der Flasche ein Ris oder ein Loch ist, durch welche dem Flüssigen ein freyer Uebergang von einer Fläche zur andern offen stehet. Denn alsdann würde der erste jener drey Fälle gelten; welches sich selbst widerspricht (S. 81.).

84. Da wir aber bewiesen haben, daß das elektrische Flüssige nicht in derselben Menge und derselben Geschwindigkeit durch das Glas der Leidenschen Flasche durchdringe, als wie die Erscheinungen 1 bis 6. S. 81. zeigen so müssen wir sehen, wie weit die Sache gehet, und was dagegen Wichtiges könne eingewendet werden. Daß dieses ein Hauptstück der Franklinischen Lehre sey, sagt Nollet selbst; und kein Franklinianer leugnet es jemals. „ Aber ich „ frage Sie nochmals, mein Herr. „ (schreibt Nollet an Franklin, im dritten Briefe, S. 49.) „ Auf was Art Sie sich der Wirklichkeit „ dieser letztern Erscheinung versichert haben, „ auf welche Sie so sehr bauen, daß Sie dar= „ aus den Grund ihrer ganzen Lehre gemacht „ haben, und welche, wenn sie richtig bewiesen „ wäre, als eine der sonderbarsten Erscheinun= „ gen der Elektricität müste angesehen werden? „ Um deswillen richtet er auch seine Waffen haupt= sächlich hierauf. Werden diese überwunden: so werden alle übrige Einwürfe von sich selbst wegfallen; wie es auch aus unsrer Folgerung S. 81. offenbar klar ist. Ich werde demnach in der Kürze aus dem vierten Briefe, in welchem er durchgehends überreden will, daß das Glas

dem

dem elektrischen Feuer einen freyen Durchgang
verstatte; ich werde, sage ich, daraus anfüh=
ren, was mir am wichtigsten zu seyn scheint.
Denn was er im dritten Briefe, S. 51 52.
einwendet, ist leichtlich und ohne Mühe abzu=
weisen. Nollet führt aber seinen Streit durch
Versuche, die sowohl an sich selbst schön, als
auch der Streitfrage angemessen sind. Ich ha=
be diese Versuche alle wiederholt. Sie befin=
den sich richtig. Dasjenige aber, was er sagt,
das man daraus schliessen müße, scheinet mir nicht
daraus zu folgen. Laßt uns sehen!

Versuch.

85. Zurüstung. Ich nehme eine gläserne Röh=
re, die an beyden Enden hermetisch versiegelt
ist. In die Röhre sind sehr zarte Feilspäne
eingeschlossen. Die Röhre nähere ich der Ret=
te. Ich elektrisire.

Erscheinungen: 1) Wenn die Kette elektri=
sirt wird: so werden die kleinsten Theile des metalli=
schen Feilstaubes in der Röhre in Bewegung
gesetzt, und sie hüpfen hin und her. 2) Wenn
aus der Kette Funken gelockt werden, oder ein

Fin=

Finger an die äussere Fläche des Glases genähert wird: so geben die inwendig im Glase verschlossene metallischen Feilspäne eben dieselben Merkmale völlig so von sich wie andre Körper zu thun pflegen.

Folgerung: Wenn die an beyden Enden hermetisch versigelte Röhre an die elektrisirte Kette gebracht wird; so wird die äussere Fläche der Röhre elektrisirt (S. 10. 29.). Wird aber die äussere Fläche des Glases entweder durch eine grössere, oder eine geringere Verdichtung elektrisirt: so wird eben dadurch auch die innere Fläche mit der entgegengesetzten Elektricität elektrisirt (S. 81. 82.). Der metallische Feilstaub aber liegt an den Theilen der innern Fläche des Glases an. (Nach der Zurüstung.) Folglich wird der metallische Feilstaub elektrisirt. Folglich giebt er auch alle Anzeigen der Elektricität von sich.

Satz: Wenn man der Vorschrift folgt, die bey der Zurüstung gegeben wird: so stimmen alle Erscheinungen mit der Undurchdringlichkeit des Glases überein.

86. Diesen ersten Versuch führt Nollet im vierten Briefe, S. 60., für die Durchdring-

F   lich-

lichkeit des Glases an. Von eben diesem Ver=
suche thut er auch meldung in seinen *Recherches sur les causes particuliéres des Phénomènes
electriques*, pag. 242. fig. 3.   Diser Gelehrte
scheint sich gar sehr auf die wechselsweisen Bewe=
gungen der in der Röhre verschlossenen Körper=
chen zu gründen. Wer aber die mit gläsernen
Kugeln, Röhren und d. g. angestellten Versu=
che, deren an der Zahl sehr viele sind fleißig
untersucht, der erfährt, daß einer jeden gläser=
nen Fläche die Elektricität ohne Reiben mitzu=
theilen zwar, schwer, aber doch möglich sey;
und daß die Elektricität, wenn sie in irgend
einem Theile einer solchen Fläche sitzt, von der=
selben nicht von sich selbst in nahe Flächen ab=
fliest, als nur mit einer sehr langsamen Bewe=
gung. Wilkens Versuch über diese Sache, in
seiner Anmerkung §. 64. zu Franklins Brie=
fen, ist zierlich. Es sey demnach, daß das elek=
trische Flüssige bey der gläsernen Röhre ent=
weder auswendig verdichtet, inwedig verdünnet
werde; oder umgekehrt: so ist jedes Theilchen
des mettallischen Feilstaubes ein Leiter des elek=
trischen Feuers, der es von einem Theile der
innern Fläche zum andern wegträgt; aber ein
kleiner zarter Leiter, der es nur einzeln, und
nur

nur durch wiederholtes Hin-und Herhüpfen, in die nächsten anliegenden Theile der Fläche überträgt.

87. Hernach kömmt Nollet, in eben demselben Briefe, S. 65. u. f., auf den Versuch mit der gläsernen Tafel, die auf beyden Seiten mit Metallblätchen überzogen ist; und er trachtet daraus eben das, was oben, herzuleiten. Ich glaube aber, daß es Jederman in die Augen leuchtet, daß die Ursachen davon eben dieselben seyn, wie bey der Flasche. — Der dritte Versuch, den er zum Streite anführt, übertrifft die übrigen an Glanze. Ob ich gleich diesen Versuch mit einer etwas veränderten Zurüstung anstelle: so wird doch, glaube ich, die Sache in den vornehmsten Hauptstücken eben dieselbe seyn.

Versuch.

88. Zurüstung; Ich stelle eine ganze Luftpumpe und einen Menschen, der die Luft aus dem Recipienten ziehet, auf die Insel. In den ehernen Teller der Pumpe setze ich eine metallene Röhre ein an deren obersten Theile eine Kugel ist, aus welcher überall metallene Spitzen her-

herausgehen. Diese Zurüstung bedecke ich mit einem Recipienten, der oben offen ist. Auf den Recipienten setze ich einen kupfernen Teller, von welchem ein mettallener Ring, der an einem metallenen Drathe hinabhängt, gegen die oberste Spitze der ehernen Röhre hinunter gehet. Ich lasse die Luft aus dem Recipienten ziehen. Ich electrisire.

Erscheinungen : 1) Zwischen dem kupfernen Ringe, der von der obern Oeffnung des Recipienten hierunterhängt, und einigen Spitzen (die der Mitten des Ringes am nächsten sind) erscheinen von sich selbst, aus einem recht finstern Orte, schießende Strahlen des elektrischen Feuers, die sehr lang sind, und ungemein schöne Farben zeigen, so oft Jemand vom festen Lande einen Finger an den Teller hält, mit welchem die obere Mündung des Recipienten bedeckt wird.

2.) Aber auch überall, wo nur Jemand an die Seiten des Recipienten die Hand halten mag, empfindet er von auffen einen fanften Wind; und man siehet die inwendig aus den Spitzen ausbrechenden Flammen sich gegen die Hand bewegen.

3.)

3.) Wenn man die Hand nahe an den Seiten des Recipienten aufwärts und abwerts beweget: so gehen die Flammen inwendig der Richtung der Hand nach.

Folgerung: Die schiessenden Strahlen des elektrischen Lichts im luftleren Raume sind eben das, was die leuchtenden Kegel in der Luft sind, weil sie aus den Spitzen herauskommen; sie sind aber länger als die Kegel, und glänzender mit Farben gemacht (Ersch. 1.) weil sie von der Luft, von welcher die Kegel ausser dem luftleren Raume, als in einer Insel, umflossen sind und von ihr zusammengehalten werden; weil sie, sage ich, von der Luft entfernt, und sie nunmehro in die Freyheit gesetzt sind, sich auszudehnen (S. 8.), wo sie einen Ausweg finden. Sie ergiessen sich demnach auch an die innern Seiten des Glases, so groß es auch seyn mag. Es mag aber das elektrische Flüßige an der innern Fläche des Glasses verdichtet, oder verdünnert werden: so erfolgt das Gegentheil an der äussern Fläche (S. 81. 82.). Demnach geben auch die äussern Seiten des gläsernen Recipienten die Anzeigen der Elektricität von sich. Daher kömmt jener sanfte Hauch an die angehaltene Hand (Ersch. 2.) Aus dem

F 3   S. 81.

§. 81. 82. gefundenen Gefetze folgt ferner: Je ein leichterer Weg dem elektrischen Flüffigen offenstehet, aus der äuffern Fläche des Glases auf das feste Land überzugehen (oder umgekehrt): desto geschwinder wird es auch der Kette in die innere Fläche des Glases (oder umgekehrt) hineingehen; daher auch um soviel leichter in denjenigen Theil der innern Fläche dem ein Theil der äuffern entgegen stehet, wenn der Weg erleichtert wird.   Daher folgen auch die Flammen im leeren Raume der Richtung der Hand, die an den äuffern Seiten des gläsernen Recipienten hin und her fährt (Erfch. 3.)

Der Satz ist eben derselbe wie §. 85.

89. Es fey endlich das Glas dem elektrischen Feuer durchdringlich.   Soviel also davon aus der Kette in die innere Fläche der Leidenschen Flasche zugeleitet, oder aus derselben abgeleitet wird eben soviel gehet allerdings von der innern in die äuffere Fläche hinaus, oder von dieser in jene hinein, völlig zu gleicher Zeit (Erfch. 5. und 6. §. 81. 82.) Aber die äuffere Fläche wird mit dem festen Lande, das am nächsten liegt und zu dem am leichtesten überzugehen ist verknüpft (Zurüst. daselbst). Folglich

lich wird auch eben soviel zu gleicher Zeit aus der äussern Fläche auf das feste Land ausgegossen, oder von diesem in jene zugeführt (§. 8.) Demnach verbleiben die Kette, die innere und äussere Fläche der Flasche, das feste Land, beständig im gleichwichtigen Zustande der Verdichtung (§. 16. 17. 18.) Aber dieses widerspricht allen Erscheinungen in §. 81. 82.

90. Alles dieses ist so sehr wahr, daß Herr Nollet selbst die Erscheinungen der mit elektrischem Feuer behörig geladenen Leidenschen Flasche eine Ausnahme von dem allgemeinen Gesetze genannt hat. „Die Erscheinung der Flasche, die in der Hand desjenigen, der sie hält, elektrisirt wird, widerspricht, nach Herrn Louis denen von den Herren Gray und Du Fay, festgesetzten Regeln nicht. Wenn er sagen würde, daß dieses Exempel, und einige andre von denen ich in meinem Versuche Meldung gethan habe, das allgemeine Gesetz nicht umstossen, sondern daß sie Ausnahmen desselben seyn: so würde ich gerne seiner Meynung seyn. „ (Recherches &c. pag. 38.)

91. Ja er gestehet noch mehr ein. Er erklärt sich, daß der Durchgang des elektrischen Flüs-

F 4 sigen

ſigen durch das Glas gar ſehr langſam und überaus ſchwer ſey. „ Daß das Glas, in Ver-
„ gleichung der Metalle, der lebenden Körper u.
„ d. g. durch Mittheilung ſchwer elektriſirt
„ wird, oder welches eben daß iſt, daß die
„ elektriſche Materie ſich mit Mühe durch die
„ Dicke eines Glaſes bewegt, das nicht gerie-
„ ben wird, das iſt eine Wahrheit, worüber
„ die ganze Welt einig iſt ꝛc. „ (Lettre IV.
pag. 59.) Bey dieſer Sache ſcheint mir zwey-
erley anzumerken zu ſeyn; Erſtlich daß es noch
nicht ſattſam klar iſt, daß durch Mittheilung
elektriſirt werden, und daß elektriſche Flüſſige durch die innerſten Eingeweide durchgehen machen, gänzlich eines und eben daſſelbe
ohne Einſchrenkung ſey; hernach, daß die lang-
ſame Bewegung des elektriſchen Flüſſigen durch
das Glas in der Hypotheſe der Durchdring-
lichkeit, gegen die Erſcheinungen (5, u.6. S. 81
82.), die allezeit die beſtändigſten ſind, offenbar ſtreite.

Verſuch.

92. Zurüſtung.   Ich nehme zwo leidenſche
Flaſchen, A und C, die einander gleich und
ähnlich ſind. Die eine verbinde ich mit dem innern

nern Hacken an die Kette, mit dem äussern an das feste Land. Die andre verknüpfe ich mit dem äussern Hacken an die Kette, mit dem innern an daß feste Land. Zwo andre Flaschen, B und B, die den vorigen ähnlich und gleich sind, halte ich beyseite auf dem festen Lande. Ich elektrisire die Kette. — Ich rücke die Flaschen von der Kette ab, ohne sie zu berühren.

Erscheinungen: 1.) Wenn ich die innern und äussere Hacken der Flaschen B und A mit einander verbinde: so entstehet, 1) ein plötzlicher knakender und lebhafter Funke sowohl zwischen den innern als äussern Hacken. 2.) Wenn ich hernach den innern und äussern Hacken der Flasche A. selbst an einander rücke: so entstehet zwischen denselben ein andrer Funke, der aber kleiner und viel matter ist, als in der ersten Erscheinung. 3.) Rücke ich endlich auch die Hacken der Flasche B an einander: so entspringt auch zwischen diesen ein Funke, der kleiner und matter, als der in der Erscheinung 1, demjenigen aber in der Erscheinung 2, gleich ist.

. II. 4) Wenn die innern und die äussern Haken der Flaschen C und B einander berühren:

so entstehet ein plötzlicher knackender und lebhafter Funke, sowohl zwischen den innern als den
äussern Hacken, der dem Funken in der Erscheinung I. gleich ist. 5.) Wenn aber hernach die
Haken der Flasche C selbst sich genähert werden:
so entstehet ein andrer Funke, kleiner und matter
als in der Erscheinung 4, aber glgich dem Funken in den Erscheinungen 2. und 3. 6) Ein
dritter Funke entstehet zwischen den Hacken der
Flasche B, kleiner als in der Erscheinung 4,
aber gleich den Funken in den Erscheinungen
2, 3 und 5.

III. 7) Wenn gleich im Anfange, ehe noch
A und C mit B und B verglichen werden, die
innern und äussern Haken der Flaschen A und C
sich einander nähern: so entstehet zwischen beyden ein weit lebhafterer Funke, als zwischen
den Hacken in den Erscheinungen 1. 4. 8.) Versucht man es nachher mit den Haken der Flasche A selbst: so folgt auf den vorigen entweder
gar kein Funke oder doch ein so matter, daß
er auf keine Weise mit den Funken der Erscheinungen 2, 3, 5, 6 kann verglichen werden. 9)
Auch folgt zwischen den Haken der Flasche C
auf den vorigen kein andrer Funke; oder, wenn
einer folgt, so ist er eben so schwach. 10) Endlich

lich folgt auch kein Funke mehr zwischen den Haken der Flaschen A und C, und den Haken der Flaschen von mittlerer Verdichtung B und B.

Folgerung. I.   Die Flaschen B und B sind im Stande der mittlern Verdichtung (nach der Zurüstung).   Demnach sind der innere und äussere Haken der Flasche A zugleich entweder im Stande der grössern, oder zugleich im Stande der geringern Verdichtung; und zwar entweder in gleicher Maaße, oder der eine mehr als der andere; oder aber der eine von beyden ist im Stande der grössern, der andre im Stande der geringern Verdichtung (nach der Ersch. 1.).   Auf gleiche Art verhalten sich die Haken der Flasche C (nach der Ersch. 4.) Nun seyn beyde Haken von beyden Flaschen im Stande der grössern oder geringern Verdichtung in gleicher Maaße: so wird kein Licht, und keine Funken weder zwischen den gleichen noch ungleichen Haken der Flaschen A und C, zu sehen seyn (§. 32.).   Dieses streitet aber wider die allezeit beständige Erscheinung 7. — Es seyn beyde Haken beyder Flaschen A und C im Stande der grössern oder geringern Verdichtung, aber der eine mehr als der andre: so wird das elektrische Feuer zwischen den Ha-

ken

ken der Flaschen A und C, die durch die Stärke der Elektricität von ainander unterschieden
sind, mit minderer Kraft fliessen, als zwischen
eben denselben Haken, und den Haken der Flaschen B und 𝕭 (S. 23. 24. 26. 28.). Dieses
wiederspricht aber eben derselben Erscheinung
7. — Demnach ist die eine von beyden Flächen der Flaschen A und C von grösserer,
die andre von geringerer Verdichtung; und
wegen den gleichen Funken in den Erscheinungen 1 und 4, stehen sie in gleichen zwischenräumen der Verdichtung von der o ab;
das ist a $=$ c. (S. 81. 82.).

Folgerung: II. zwischen den Haken der Flaschen A und C ist der Funke weit lebhafter, als
zwischen den Haken der Flaschen A und B.
oder C und 𝕭 (nach der Ersch. 7.). Folglich
stunden die Haken der Flaschen A und C um
einen grössern zwischenraum der Verdichtung
von einander entfernt, als die Haken der Flaschen A und B, oder C und 𝕭 (S. 32.). B
aber, und 𝕭 waren im Stande der mittlern
Verdichtung (nach der Zurüstung). Folglich
war der eine von beyden Haken der Flaschen

A

A und C von grösserer, der andre von geringerer Verdichtung.

Satz. Bey der Leidenschen Flasche sind die elektrisirten Flächen nicht nach den Graden der Stärke derselben Elektricität selbst unter sich verschieden; sondern durch eine doppelte Elektricität, wovon die eine über, die andre unter dem Stande der mittlern Verdichtung ist.

93. Aus den Erscheinungen 8, 9, 10. §. 92. folgt deutlich genug das ungemein schöne Gesetz der elektrisirten Flächen des Glases, welches schon Franklin, obschon, wie es scheint, weniger ausgearbeitet, doch aber mit Wahrheit vorgetragen hatte; das Gesetz nämlich, daß das Glas, wie es auch elektrisirt seyn mag, allemahl eben dieselbe Quantität vom elektrischen Flüssigen enthalte. In dem Zustande nämlich der grössern oder geringern Verdichtung, sitzt dieselbe Quantität in eben derselben Fläche zusammengedrückt, und dieses nach dem Verhältnuß des Grades der Stärke. Im Stande der mittlern Verdichtung ist dieselbe Quantität zwischen beyden Flächen in gleicher Maße vertheilt.

94. Den Satz S. 92. hatte ich schon S. 56.
bewiesen; er hätte auch aus S. 81. 82. bewiesen werden können. Ich wollte dieses aber
auf unterschiedene Art thun, damit die ganze
Sache durch das Zeugnüß der Versuche selbst
klar würde. Da dieser Satz also festgesetzt ist:
so schätze ich dasjenige, was nach dem dritten
Hauptpunkte der Nolletischen Einwürffe gefo-
dert wird, (S. 72.) aufgelöset zu seyn. Herr
Nollet hat allemahl eine grosse Stärke in das
gesetzt, daß alles dasjenige, was von den Frank-
linianern für die entgegengesetzte Elektricität angeführt würde, aus den blossen Graden der
Stärke derselben Elektricität erklärt werden
könne. (Lettre IV. p. 84. 85. " Was diesen
„ Theil anbelangt schreibt er an Franklin:
„ so kann man nicht leugnen, daß nicht die
„ Elektricität eine neue Gestalt unter ihren
„ Händen, wie man sagt bekommen hätte.
„ Aber liegt diese Neuigkeit in Begebenheiten oder
„ in Meinungen? Sind es Begebenheiten, die
„ sie uns darreichen: so müssen sie sich denen-
„ jenigen zeigen, die da versuchen, ihre Rich-
„ tigkeit zu erforschen. Sind es Meinungen:
„ so können sie diejenigen von andern Natur-
„ forschern nicht umstossen, als in soweit jene

er-

„ erweislicher und beſſer unterſtützt ſind als die-
„ ſe. In Folge dieſer zwo Regeln alſo werde
„ ich unterſuchen, was ſie uns in Anſehung
„ des Leidenſchen Verſuches ſagen. — Alle
„ Elektrificationen, die Sie weniger oder ne-
„ gative nennen, ſcheinen mir nichts anders
„ zu ſeyn, als ſchwache Grade der Elektricität,
„ die im Verhältniß gegen die ſtärkern Grade
„ nichts werden. „

95. Wenn wir aber dasjenige, was im erſten und dritten Punkte eingewendet worden,
richtig aufgelöſet haben: ſo wird das, was den
zweyten Punkt angehet, ganz und gar keine
Schwierigkeit übriglaſſen können. Auch findet
ſich bey den Kennzeichen, und vornehmlich bey
den Funken in allen dieſen Verſuchen, nicht
allein eine bewundernswürdige Beſtändigkeit,
ſondern auch Einſtimmigkeit.

96. Den Weg, den das elektriſche Feuer
aus einer Fläche der Leidenſchen Flaſche in die
andre nimmt, wenn die Hinderniß zwiſchen
den Haken gehoben iſt, nenne ich die Uiber-
gangs = Linie. Und wenn man den Funken
zwiſchen den Haken entſtehen läßt: ſo nenne
ich dieſes die Flaſche entladen. Wenn die Flaſche

sche so entladen wird, das auf den ersten Funken kein anderer folgt: so nenne ich das die Flasche völlig entladen.

Versuch.

97. Zurüstung: Ich nehme eine grosse Flasche, oder eine grosse Glastafel, die behörig zubereitet ist. Ich rücke den einen Haken an die elektrisirte Kette, den andern verknüpfe ich mit dem festen Lande, durch ein Kettchen mit runden etwas dicken Gliedern. Wenn die Funken zwischen der Kette und dem Haken entweder recht sehr matt werden oder völlig aufhören *): so entlade ich die Flasche mit dem Kettchen, an einem finstern Orte, wenn es seyn kann.

Erscheinung: 1) Just in dem Augenblicke der Entladung sehe ich, daß das Kettchen, das

die

*) Denn alsbann sind die Kette und die Fläche der Flasche, die mit der Kette verbunden ist, zur gleichwichtigen Verdichtung gebracht (§. 32.). Daher hat die Flasche die gröste Ladung erhalten, die möglich ist; und sie stehet nun just im Punkte der Entladung.

Erscheinungen: 1) Just in dem Augenblicke der Entladung sehe ich, daß das Kettchen, das die Haken verbunden hatte, ganz im Feuer blitzet, was für eine Figur auch das Kettchen durch die Lage in die länge mag bekommen haben; 2) Und daß es um sovielmehr vortrefflicher blitzt, je lebhafter der Funke der Entladung gewesen ist. 3) Jedoch kann man mit den Augen nicht gewiß beurtheilen, ob das Feuer aus der innern Fläche in die äussere, oder umgekehrt übergehe. 4) Nach geschehener Entladung, folgt entweder keine Entladung, mehr, oder sie kann auf keine Weise mit der erstern in Vergleichung kommen.

Folgerung: Die Entladung mag lebhaft oder weniger lebhaft seyn; so gehet das elektrische Feuer durch das Kettchen, das die Haken vereinigt (Ersch. 1. und 2.). Folglich ist dasselbe Kettchen die Uebergangslinie des elektrischen Feuers (S. 96.). Es gehet aber das ganze Feuer durch das Kettchen (Ersch. 4.); daher wird die Flasche völlig entladen (S. 96.) Das Feuer gehet jedoch so geschwinde, daß seine Richtung dem Auge entfliehet (Ersch. 3.).

G   Satz.

Satz: Wenn die Flasche völlig entladen wird: so gehet das elektrische Feuer durch alle Glieder der Uebergangslinie mit derjenigen Gewalt, die dem Grade der Verdichtung auf der einen von beyden Flächen gemäß ist (S. 36.)

98. Daher, was für ein Körper auch zu einem Gliede der Uebergangslinie gemacht wird, wenn er nur der Kraft des elektrischen Feuers nachgiebt; so gehet das elektrische Feuer durch denselben, indem die Flasche entladen wird.

Versuch.

99. Zurüstung. Man mache Alles, wie vorher. Daß Kettchen der Uebergangslinie unterbreche ich durch einen ganz kleinen Zwischenraum. In diesen Zwischenraum bringe ich ein Blat von Spielkarten (auch mehrere Blätter, nach den Graden der elektrischen Stärke und der Größe der Flaschen). Ich elektrisire — und entlade die Flasche.

(Erscheinungen: 1) Nach Entladung der Flasche nehme ich das Kartenblat aus der Uebergangslinie, und ich finde dasselbe mit einem Loche durchbohrt. 2.) Das Loch zeigt auf beyden

den

den Flächen der Karte die Ränder aufgerissen. 3) Oft ist das Loch ziemlich groß; doch ist es allemal weit kleiner, als die Dicke des durch die Entladung entstandenen Strahles gewesen ist. 4.) Wenn die Karte auf die Fläche einer elektrisirten Glastafel ist gelegt worden: so zeigt sich an dem Theile der Karte, der die Tafel berührte, um das Loch herum ein kleiner Ring von schwärzlicher Farbe. Auf der Tafel aber findet man einen ganz kleinen Zirkel von der Vergoldung abgerissen, völlig an dem Orte, wo sich der Funke erzeugte.

Folgerung: Indem das elektrische Feuer die Uebergangslinie durchläuft, und eine ihm vorgelegte Karte darin antrifft: so läuft es durch dieselbe Karte durch (S. 98.), mit derjenigen Kraft, die dem Grade der Verdichtung auf der einen von beyden Flächen gemäß ist (Satz S. 97.). Daher durchlöchert es dieselbe (Ersch. 1.); und zwar da, wo sie das Kettchen der Uebergangslinie berührt (Ersch. 1.), welche der allerkürzeste Weg ist. Da jedoch das Loch weit kleiner ist als die Stärke des Funkens (Ersch. 3.): so preßt sich das Feuer mehr zusammen, indem es die Karte durchfährt, als

G 2   da

da es durch das Kettchen schieſt. Dieſes Feuer aber ſehnt ſich von Natur nach der Ausdehnung (S. 8.). Daher, indem es durch die Karte dringt, wird es noch begieriger ſich auszudehnen. Indem es alſo durch die Karte ſchieſt: ſo reiſt es auf beyden Seiten die Ränder auf, die nämlich weniger widerſtehen, als das ganze übrige entferntere Stück der Karte (Erſch. 2.). Es reiſt auch ein zirkelförmiges Stückchen der Vergoldung vom Glaſe ab, ſchmelzt ſolches im Durchfahren, und klebt es an die Karte (Erſch. 4.).

Satz: Das elektriſche Feuer gehet der kürzeſten Uebergangslinie nach. Und die Körper der Uebergangslinie, die ihm nachgeben Zerreiſt es bald, bald ſchmelzt und zerſtreut es ſie, und klebt ſie anderswohin an.

100. Aus dem, was S. 81. 82. 92. bewieſen worden, folgt: daß das elektriſche Feuer, nach geſchehener Entladung, von der einen von beyden Flächen der Flaſche in die gegenſeitige, in einem einzigen Strohme ſchieße.

101. Herr Nollet aber hat einen doppelten Strohm aus der Erſcheinung einer durchlöcherten

ten Karten hergeleitet. „ Da ich also nichts in
„ ihren Beweisen gefunden habe „ (sagt er zu
Franklin), „ Das mich bewegen sollte zu
„ glauben, daß das elektrische Feuer allemal
„ da herausgehet, wo es hineingekommen ist:
„ so habe ich gesucht, den Weg dieses Flüssigen
„ merklich zu machen; und ich habe endlich die
„ Spuren gefunden, die mir die Richtung sei-
„ nes triebes gewiesen haben. — Nach der
„ Entladung habe ich die Karte untersucht. Ich
„ fand sie durchbohrt und gleichsam zerrissen, an
„ dem Orte, wo ich das Instrument der Mit-
„ theilung angebracht hatte. — Da ich nachher
„ alle diese Löcher mit Aufmerksamkeit, un-
„ tersuchte: so habe ich fast allemal gesehen,
„ daß sie auf der Seite, mit welcher die Pap-
„ pe an die Flasche oder auf die Glastafel an-
„ gebracht war, mehr offen und wie verbrannt
„ an den Rändern waren; und daß sie auf
„ der entgegengesetzten Seite gleichsam aufge-
„ blasen oder aufgerissen, und sehr merklich
„ über den Plan der Fläche erhöhet waren.
„ Wenn kann man wohl bey solchen Kennzei-
„ chen bereden, daß der Trieb des elektrischen
„ Feuers in der Richtung des Conductors zum
„ Glase geschehen sey? Ist es nicht augenschein-

G 3   lich,

„ lich, daß seine Wirkung in einem ganz ent=
„ gegengesetzten Sinne sich bewegt habe? und
„ daß in diesen Versuchen das elektrische Feuer
„ nicht von der Fläche herausgekommen ist, die
„ es empfangen hatte? — Es ist auch noch
„ wahr, daß, wenn man einen dünnen Eisen=
„ drath, oder etwas dergleichen, zwischen die
„ Pappe und das vergoldete Glas legt, um ei=
„ nen kleinen Zwischenraum zwischen der einen
„ und dem andern zu machen; daß, sage ich,
„ die Löcher, die in dergleichen Falle entstehen,
„ eine Beule auf der einen wie auf der andern
„ Seite haben.   Aber diese letztern Erscheinun=
„ gen wenden nichts ein gegen die Wirklich=
„ keit der ersteren, auch nicht gegen die Folge,
„ die man daraus ziehen muß.   Sie bewegen
„ uns nur zu glauben; daß diese Löcher durch
„ die Kraft zweener gerade entgegengesetzten
„ Feuerströme entstehen; welches sehr wohl mit
„ dem Grundsatze der einander entgegen laufen=
„ den Ansflüße und Zuflüße übereinstimmt. „
(Lettre V. p. 120. — 122.)

102. Allein nicht lange hernach sind die Grün=
de, mit denen der berühmte Akademiste strei=
tet, ihm von Herrn Beccaria aufgelöset wor=

den

den in einem Briefe den er an Herrn Nollet geschrieben *), und der seiner Schrift *Dell' Elettricismo artificiale e naturale* eingerückt ist.

„ Nun werden Sie finden, daß ich dieses Zer-
„ faseren in S. 433. angeführt habe; und daß
„ ich noch viel deutlicher in S. 388. gezeigt ha-
„ be, wie ein Funke, der quer durch das Was-
„ ser schlägt, nach entgegengesetzten Richtungen
„ wirket, und ähnliche Brüche in den gläsernen
„ Röhren macht, die er zerschmettert, und die
„ Stücken davon ebenfalls nach entgegengesetz-
„ ten Richtungen zurückschlägt.   Auch dieses be-
„ weiset keine Richtung zweyer flüssigen Wesen,
„ die einander entgegen wirken; sondern nur ei-
„ ne Ausdehnung, welche das elektrische Feuer
„ in dem widerstehenden Körper durch welchen
„ es durchgehet gegen alle Seiten gleich stark
„ hervorbringt. „ (Pag. 158.)

103. Obschon hiemit die Sache allerdings abgefertigt ist: so hatte ich doch schon längst den Vorsatz, durch einen, wo möglich beständi- gern Versuch nicht allein den einfachen Strohm

G 4   deut-

---

*) Dieser Brief ist auch ins Deutsche übersetzt, (aber
    fehlerhaft) im Hamburger Magazin, B. 18.
    S. 378.

deutlich vor Augen zu stellen, sondern auch selbst
die Richtung des durch die Entladung erregten
Flüssigen, welche Richtung uns noch durch keinen genugsam sichern Versuch bekandt ist, mit
aller Strenge zu bestimmen, und also dadurch
die Frage zu entscheiden, ob die innere Fläche
der Flasche im Stande der grössern, und die
äussere im Stande der geringern Verdichtung
sey, oder aber umgekehrt. Denn ich sah,
daß diese Sache zur Theorie der Elektricität
das meiste beytrug; und was das vornehmste
ist, ich wußte, daß man daraus würde bestimmen können, was für eine Elektricität zu jeder
Zeit auf der Erde und in der Admosphäre
herrschete: woraus wir unermeßlichen Nutzen
würden ziehen können. Es scheint, daß auch
Franklin dieses mag eingesehen haben, da er
im zwölften Briefe schreibet: " Ich empfehle
„ es allen Liebhabern dieses Theils der Natur-
„ lehre, daß sie mit sorgfältigen und genauen
„ Beobachtungen die Versuche —— von der
„ positiven und negativen Elektricität, nebst
„ andern wiederhohlen mögen, damit man ge-
„ wiß erfahre, ob die von der Glaskugel mit-
„ getheilte Elektricität würklich die positive sey.
„ Ich ersuche ebenfalls alle diejenigen, welche
                                                    „ Ge-

„ Gelegenheit haben, mehrere Wirkungen des
„ Blitzes an Gebäuden, Bäumen, u. d. g.
„ zu sehen, daß sie besonders ein Auge darauf
„ wenden, die Richtung desselben zu entdecken.„
S. 161. Ich will demnach sagen, was ich
inzwischen gefunden habe, bis es sowohl Zeit
als Gelegenheit geben wird, den Versuch völ-
liger aus zu arbeiten, ich will, sage ich, es
sagen, ob ich gleich gegen mich selber es sagen
werde. Ich habe gesagt: inzwischen; weil
ich dasjenige, was ich entdeckt habe, für nichts
als einen rohen Anfang des Versuches halte.

Ich nahm ein mittelmäßig dünnes Metallblätchen. Ich setzte es in die Uebergangslinie,
aber so, daß es die Enden des Kettchens nicht
völlig berührte. Ich elektrisirte etliche Flaschen.
Ich entlud sie völlig. Ich fand das Metallblätchen allemal durchbohrt, aber mit zwey
Löchern, nicht mit einem, wie es bey Durch-
bohrung einer Karte geschieht. Und was die
Hauptsache ist: so fand ich eine zwiefache Richtung des Feuers, welche die Löcher durch das
Aufreissen des Randes auf beyden Seiten so
deutlich zeigten, daß man nicht im mindesten
daran zweifeln konnte. Ich habe dergleichen
Metallblätchen, die ich den Neugierigen zeige,

Oft

Oft ist das Loch, das die Richtung des Feuers aus der innern nach der äussern Fläche
verräth, grösser als das andre; aber bisweilen sind sie völlig gleich. Sie stehen zuweilen
1½ Decimallinien, des Wienerfusses, von einander ab. Wer siehet aber nicht, das dieses
dem Nolletischen Satze vollkommen das Wort
spricht? aber, wie ich schon gesagt habe, der
Versuch muß erst ausgearbeitet werden; und
dann endlich muß man sehen, was für eine
Meynung man annehmen muß.

Versuch.

104. Zurüstung: Die Leidensche Flasche
verbinde ich durch den einen Haken mit der
Kette, durch den andern mit dem festen Lande.
Ich elektrisire. — Ich rücke die Flasche von
der Kette ab, und seze sie auf eine Insel beyseite. Dem äussern Haken nähere ich ein Kork-
Kugelchen, das vom festen Lande herabhängt.
Ein Gehülfe nähret ein gleiches Kügelchen dem
innern Haken bald hinzu, bald zieht er es davon zurück.

Erscheinungen; 1) Wenn das eine Kork-
Kügelchen dem innern Haken genähret wird:
so

so nähert sich sogleich auch das andre Kügelchen dem äussern Haken von sich selbst. Wird jenes zurückgezogen: so gehet auch dieses von sich selbst wieder Zurück. 2) Dieses geschiehet zu oft wiederholten malen. Wenn endlich diese Erscheinung verschwindet: so erfolgt 3) zwischen dem Haken keine Entladung oder Explosion.

Folgerung: Wenn der innere und äussere Haken durch das Kettchen der Uebergangslinie mit einander verbunden werden: so wird die Flasche, durch den entstehenden einzigen und plözlichen Funken, völlig entladen (§. 97). Dieselbe Flasche wird völlig entladen auch durch die Hin-und Hergänge der Kork-Kügelchen (Ersch. 3). Daß elektrische Feuer aber ergießt sich aus der innern in die äussere Fläche, oder umgekehrt, durch die Kork-Kügelchen (Ersch. 1.), und daher auch durch das übrige feste Land (§. 8.). Folglich sind die Kügelchen, und das übrige feste Land, die Uebergangslinie. Und weil die Entladung nur nach sehr ofte wiederholten Hin-und Hergängen der Kügelchen völlig geschieht (Ersch. 2.): so sind sie eine Uebergangslinie, in welcher der Uebergang, nicht der Leichteste ist (§. 8.).

Satz

Satz: Wenn das elektrische Feuer aus der einen Fläche der Flasche in die andre durch den leichtesten Uebergang lauffen kann: so wird die Flasche, durch einen einzigen Funken entladen. Wenn es das nicht kann, so wird die Flasche nach Maaßgabe des leichtern Uebergangs, bald ofte, bald weniger ofte entladen.

105. Daher, wenn wir, um die Natur der Körper zu untersuchen, einen gewaltsamen elektrischen Strahl vonnöthen haben: so müßen wir machen, daß das Feuer durch die leichteste und zugleich kürzeste Uebergangslinie gebracht wird.

106. Je mehr aber ein Kunstverständiger die Umstände der Kürze und der Leichtigkeit geschikt unter sich zu verbinden weis: desto anmuthigere und mehr bewunderswürdige Schauspiele wird er oft darstellen können. Und wenn Jemand dieses Gesez richtig inne hat: so wird kaum irgend eine Machination gezeigt werden, so sehr sie auch von dem Künstler vor den Augen versteckt wird, deren Ursachen er nicht leichte entdecken sollte.

Versuch.

107. Zurüstung: Ich nehme zwo gleiche und ähnliche Flaschen A und C. Den innern Haken
der

der einen Flasche A verbinde ich mit der Kette:
denselben Haken der andern Flasche C aber mit
dem Kissen. Die äussern Haken verknüpfe ich
mit dem festen Lande. Die Kette und das
Kissen seze ich auf die Insel. Ich elektrisire. —
Ich rücke die Flaschen ab. — Ich rücke sie zu
den Flaschen B und B, die auf dem festen
Lande beyseite stehen.

Erscheinungen: Zwischen dem Haken geschiehet eben das Alles, was in S. 92 geschehen ist.

Folgerung : In dem Versuche § 92 ist bewiesen worden, das die eine von beyden Flächen eben derselben Flasche von größerer, die andre von geringerer Verdichtung sey. Es waren
aber damals, bey den Flaschen A und C, die
ungleichen Hacken von einerley Elektricität (nach
der Zurüstung § 92); folglich waren die gleichen Hacken von verschiedener Elektricität. In
gegenwärtigem Versuche aber sind die Erscheinungen der Hacken eben dieselben (nach der
Ersch.). Folglich sind die gleichen Hacken in
gegenwärtigem Versuche von verschiedenen Elektricitäten. Der eine Hacken aber hat dieselbe
Elektricität mit der Kette, der andre mit dem

Kis-

Kiſſen (nach der Zurüſtung). Folglich ſind die
Kette und das Kiſſen von verſchiedenen Elektri-
täten.

Der Satz iſt eben derſelbe wie in S. 55, ob
er gleich aus einem ganz andern Grunde, und
unabhängig von jenen, hergeleitet worden.

Verſuch.

108 Zurüſtung: Ich mache zwo Elektriſir-
Maſchinen zurechte. In die eine hänge ich ei-
ne gläſerne Kugel, in die andre eine Schwefel
Kugel. Ich nehme zwo Flaſchen A und C.
Den innern Hacken der einen Flaſchen A ver-
binde ich mit der Kette des Glaſes denſelben
Hacken der andern Flaſche C aber mit der Ket-
te des Schwefels. Die äuſſern Hacken verbin-
de ich mit dem feſten Lande. Die Kette der
Kugeln ſind auf der Inſel; die Kiſſen auf dem
feſten Lande. Ich elektriſire. — Ich rücke die
Flaſchen ab — Ich rücke ſie zu den Flaſchen
B und B, die auf dem feſten Lande ſtehen.

Erſcheinungen: Zwiſchen den Hacken der
Flaſchen gehet eben das alles vor, wie in S. 92.

Die

Die Folgerung: ist eben dieselbe wie oben §. 107, wenn man an statt des Kissens, die Schwefel-Kugel annimmt.

Der Satz ist eben derselbe; wie in §. 70.

109. Ich könnte nun, wenn ich wollte, noch eine lange Reihe von Versuchen der Frankli nianer durchlaufen. Da aber diese Sachen be kandt und festgesetzt sind: so geben die übrigen gleichsam von sich selbst die Ursachen und die Gesetze der Erscheinungen an die Hand.

Zwey=

Zweyter Theil.

Von dem Nutzen der Elektricität.

110.

Der Nutzen der Elektricität ist seit der Zeit, als wir ein neues, und dem ganzen vergangenen Weltalter unbekandtes Luftzeichen vom Himmel herabgerufen haben, höchst groß und ganz unglaublich. Ich würde ein ganzes Buch anfüllen, wenn ich, auch nur kurz dasjenige anführen wollte, was über diese Materie mit Grund kann gesagt werden. Wer hat jemals antworten können, wenn er gefragt würde, was der Blitz, was der Strahl, was der Donner sey, ohne daß er Träume erzählen wollte? Heut zu Tage brauchen diejenigen, die gefragt werden, nicht mehr darauf zu antworten; sondern man darf nur die Fragenden zu der eisernen Stange führen, die aus der Insel hoch in die freye Luft empor ragt, zu der Zeit, wenn ein schwarzes Ungewitter nicht etwann schon über unsern Scheiteln einbricht sondern sogar wenn man es noch einen langen Weg zu uns heran ziehen siehet; man darf, sage ich, die Fragenden nur herbeyführen, daß sie mit Augen und Ohren und dem ganzen Körper sehen, hören

und

und fühlen, was der Strahl, was der Donner
sey. Die Elektricität ist es. Franklin war
für die Europäer der Urheber dieser Entdekung
die nun zu beweisen war. Und Delor und
Dalibard von Paris haben es zuerst bewiesen,
den 10 May 1752. Gleich sind ihnen andre
weit und breit durch ganz Europa nachgefolgt;
in Paris Le Monnier Cassini Nollet; der Kö-
nig selbst eilte als Zuschauer hinzu; in Bologna Veratti mit seinen Gehülfen; in Turin
Beccaria; in Florenz De la Garde; in Engeland viele in Deutschland Mylius, Winkler,
Bose, und andere. Drey Bologneser sind auf
ihrer Sternwarte zur Erde geworffen und in
allen Gliedern erschüttert worden, als wider
Vermuthen das elektrische Feuer vom Himmel
mit grosser Gewalt dort einschlug. Eben das
ist auch andren begegnet. Richmann in Petersburg hat in einem solchen Versuche, seinen Tod
gefunden im Jahre 1753.

III. Die Eigenschaft der Luft = Elektricität
war aber zu derselben Zeit von den Naturfor-
schern noch nicht genugsam untersucht gewesen.
Nachher untersuchten sie dieselbe mit mehrerm
Fleiß, und sie haben die Unbändige mit einem
Zaume bezwungen. Sie ist sanftmüthiger ge-
H   macht

macht worden, und sie gehorchet heutiges Tages; wenn nur Jemand weis, sowohl den
Zaum ihr anzulegen, als auch sie klug zu re-
gieren *). Nach diesem ist der Versuch auch
von mir oft wiederholt, und meinen Freunden
gezeigt worden; und ich habe alles, was zur
Elektricität gehört, dadurch zuwege gebracht,
auch selbst die Leidenschen Flaschen entladen.
Demnach halte ich die Sache für bestimmt und
ausgemacht. „ Die Erfahrung von Marly la
„ Ville (Dies ist der Ort der Erfindung) leh-
„ ret also unser Jahrhundert, und diejenigen
„ die darauf folgen werden, daß der Donner
„ und die Elektricität zwo Wirkungen sind,
„ die aus einem gleichen Grunde herkommen;
„ weil das insulierte und in die freye Luft aus-
„ gesetzte Eisen, zu der Zeit, wenn es Don-
„ nert, dadurch in den Stand gesetzt wird,
„ alle Erscheinungen vorzustellen, die es ge-
         „ wohnt

---

*) Nichts desto weniger will ich einen Jeden gewarnt
 haben, daß er ja nicht anfange, die Luft-Elektricität
 zu untersuchen wenn er nicht auch die Theorie der
 künstlichen Elektricität aufs vollkommenste inne hat,
 mit den Versuchen höchstbekandt ist, und eine geschick-
 te Hand hat.

„ wohnt ist, sehen zu lassen, wenn wir es ver-
„ mittelst geriebener Gläser elektrisiren. „ *)

112. Allein ich muß diesem noch einiges beyfügen, ohne welches ich mit demjenigen, was
ich zu erklären im Sinne habe, nicht so leicht
fertig werde. Anfänglich wurde geurtheilt, daß
die Elektricität nur in den Gewitterwolken ihren Sitz festgesetzt habe; und daß sie also im
Sommer am meisten, im Winter am wenigsten, in der Luft herrsche. „ Mit dem Anfan-
„ ge des Herbstes fieng sie an schwerer und
„ langsamer zu werden; den ganzen Winter
„ wollte sie gar kein Zeichen von sich geben.
„ Marino sah dieses nicht gerne; doch hatte
„ er Hoffnung auf den Frühling. Und wirk-
„ lich brachte der Monat April sie wieder zu-
„ rück, erstlich langsam und gleichsam ringend
„ hernach aber leichter. „ (*Comment. de Bonon. scient. & art. Instituit.* T. III. pag. 97.)
Allein die Sache wurde anders befunden, als
die Menschen höher, als es mit eisernen Stangen geschehen konnte, in die Atmosphäre durch-
drangen, vermittelst papierner Drachen (wie
man sie zu nennen pflegt) *) die man an Scheu-

H 2   ren

*) Lettre VII. de Mr. *Nollet*, p. 155 Nouv. Edit I. Part.

**) Franklins Briefe, S. 141.

ren und metallenen Dräthen in die windichte
Luft hinauf schikte; hernach auch vermittelst
Raketen, die Beccaria mit besondrer Kunst
zur elektrischen Untersuchung in die Höhe steigen
ließ. Denn durch diese, weil sie am höchsten
in die Atmosphäre reichen, verschaffte sich dieser
unermündete Kunstverständige die Elektricität sogleich, so vielmal er nur wollte; er mochte sie
rufen im Winter, oder im Sommer; bey neb-
lichtem Himmel, oder bey heiterem; oder wann
er voll Schnee, oder regenicht war. Drey
Fälle nimmt er aus, deren Ursache aber fast
ganz aus der Theorie offenbar ist. „ In drey
„ verschiedenen Zuständen der Atmosphäre ha-
„ be ich durchaus keine Zeichen von Elektrici-
„ tät von meinen heruntergehenden Dräthen
„ erhalten, oder aber ich habe sie gänzlich schwach
„ gehabt; nemlich zur Zeit, wenn es heiter
„ war, und zugleich ein sehr ungestümmer
„ Wind wehete; zur Zeit, wenn der Himmel
„ überzogen war mit hohen, trägen, von der
„ Erde getrennten Wolken; und zur Zeit,
„ wenn die Luft sehr feucht, und nicht wirklich
„ regenicht war. „

„ Zur Zeit, wenn der Himmel heiter und
„ ruhig oder von keinem sehr starken Winde
„ erschüt-

„ erſchüttert war, habe ich ohne Aufhören klei-
„ ne und unterbrochene Zeichen gehabt; und
„ zwar weniger ſchwach und häufiger, nach dem
„ Verhältniß der Geſchiklichkeit der herunterge-
„ henden Dräthe. — Alſo brachte mir der Ei-
„ ſendrath des Grabes der 700 Fuß lang war
„ alle 3 Minuthen einen kleinen Funken; die
„ Schnur der Auſſendung, die 1500 Fuß lang
„ war, brachte mir im Anfange wenn die me-
„ tallenen Dräthe von derſelben noch nicht un-
„ terbrochen waren, nach Proportion häufige-
„ re kleine Funken, Und die andern kürzern
„ Dräthe haben mir ſehr ſelten kleine Funken
„ gegeben, und ich habe davon ziemlich häu-
„ fig nur kleine Bewegungen gehabt. „

„ Zur Zeit, wenn es wolkicht und zum Re-
„ gen geneigt iſt wenn gleich die Wolken ruhig
„ ſind, und es weder, Donnert noch Blitzt,
„ und daß die Wolken weit über den ganzen
„ ſichtbaren Himmel ſich ausdehnen, und die
„ Hügel bedeken, und an vielen Orten mit
„ der Erde verbunden ſind; jedoch einige Zeit
„ vorher, ehe es anfängt zu regnen; zu der
„ Zeit, ſage ich, (und wenn nur der Regen
„ ein wenig anhalten will) fangen meine her-
„ untergehängte Dräthe an, anhaltende Funken

„ zu geben; und die Stärke derselben ist der
„ Menge des Regens proportionirt; und sie
„ dauern so lange, bis der Regen aufhören
„ will, und hören eine ganze kleine Zeit vor-
„ her auf, ehe der Regen aufhört. „ (*Klet-
tricismo Atmosferico. Lettere di Giambatt. Beccaria* &c Lett. X. p. 166.)

„ Die Nacht zwischen dem 23 und 24 No-
„ vember fiel hier einen halben Palmo hoch,
„ Schnee; den Morgen schneyte es wieder ein
„ wenig; aber gegen 11 Uhr hörte der Schnee
„ auf. Als Nachmittags wieder ein sehr zarter
„ Schnee zu fallen anfieng: so lud ich zwo Ra-
„ keten, und ließ sie steigen hier in Turin in
„ dem Garten der Herren Missionarien, ohne
„ eine andre Anhöhe zu suchen. — Kaum hat-
„ te die erste Rakete die Spitze des anstoßenden
„ Hauses überstiegen: sogleich bewegte sich das
„ Haar an meinem Finger in der Entfernung
„ von 3 guten Zollen; es dehnte sich über die
„ Maaße aus, und breitete die verschiedene Fä-
„ serchen aus, in welchen es sich endigte, und
„ hielt sie alle ausgedehnt, und gegen meinen
„ Zeigefinger gerichtet. Inzwischen näherte ich
„ den Mittelfinger dem kleinen kupfern Blät-
„ chen; es bewegte sich zum Finger, und schlug

„ ihn

„ ihn mit einem kleinen Funken, den ich sehr
„ deutlich sah und fühlte. — Die andre Ra-
„ kete brachte vollkommen dieselben, und viel-
„ leicht auch größere Wirkungen hervor. — „

„ Den 2 December, nach vielen Tagen von
„ niedrigem Nebel, der niemals weder Sonne
„ noch Sterne sehen ließ und da der Himmel wirk-
„ lich in dem nemlichen Zustande anhielt, so
„ daß man einen Menschen in der Entfernung
„ von 30 Schritten nicht unterscheiden konnte,
„ habe ich aus demselben Garten ebenfalls zwo
„ Raketen gegen halb 3 Uhr Nachmittags stei-
„ gen lassen.   Die erste machte das Haar spie-
„ len, und zwar geschwinde; so daß ich kaum
„ einen Unterscheid der Zeit bemerken konnte
„ zwischen dem Ausgehen der Rakete aus der
„ Hand des Feuerwerkers, und zwischen der
„ starken Richtung des Haares gegen meinen
„ Finger. — Als die zweyte Rakete los ge-
„ lassen war: so gelang es mir recht sehr gut,
„ ein ganz wahrhaftes elektrisches Sternchen zu
„ bemerken. ꝛc. ꝛc. „   (Eben daß pag. 130
131.)

Satz: Die Erde und die Atmosphäre der
Erde ringen, mit fast immerwährenden Abwechselungen der Elektricität, mit einander.

113. Ich muß aber erinnern, daß man seine Aufmerksamkeit auch auf dasjenige richte, was zugleich ist angemerkt worden: daß die Luft - Elektricität hauptsächlich in den Wolken im Ueberfluße schwebe; und daß sie in Begleitung von Regen und Nebeln zu uns heruntersteige.

Da diese Sache die schönsten Erscheinungen der Natur zu erklären im Stande ist so will ich auchErfahrungen von andern anführen. „ Zu wem „ sollte dieElektricität vom Himmel herunter stei- „ gen, wenn sie nicht zu einem so fleißigen, und nach „ ihr so begierigen Manne herunterstiege? Man „ kann nicht sagen, wie oft wohl in demselben „ nemlichen Monate (es war der Monat Au- „ gust), als auch im folgenden October, sie zu „ ihm gekommen ist; wie leicht sie sich darge- „ stellt hat, so daß sie zuweilen an einem Ta- „ ge zwey und dreymahl, als eine Liebende zu „ ihrem Geliebten, wiedergekommen ist! Auch „ erwartete sie nicht allemal die Blitze und die „ Donner; sondern wenn es zu regnen anfieng „ so eilte sie sogleich, ohne vorhergehende „ Furcht, zu Marino, und offenbarte sich „ durch die glänzendsten Funken, die aus der „ Kette herausgiengen; zuweilen, auch durch „ Zischen und hervorkommende leuchtende Pin-
„ sel,

„ sel, mit einem sanften Winde. — Oder
„ nennen wir sie vielmehr eine Freundin des
„ Regens, da sie dem Marino niemals als
„ während dem Regen erschienen ist? Es be-
„ zeugt auch derselbe, daß sie, zu ihm allemal
„ wenigstens zwo Minuten, nachher gekommen
„ sey, als es angefangen hätte zu regnen; wo-
„ durch sie völlig zeigte, daß sie dem Regen
„ nachgehe. Jedoch mußte er zuweilen länger
„ auf sie warten, und das meistens, wenn an
„ den vorherigen Tagen die Luft feuchter gewe-
„ sen war; denn wenn es trocken und heiter
„ war: so kam sie williger und hurtiger. „
(Comment. Bonon. Tom. III. pag. 97. 98.)
Auch Wilke, in dem Anhange zu seinen Anmerkungen zu Franklin S. 353. spricht, „ Die
„ Wolken entladen sich nicht allezeit ihrer Elek-
„ tricität durch Blitze und Donner, sondern
„ noch viel öfter durch den fallenden Regen.
„ Dieser Regen, welchen man gleich an dem
„ schnellen Schuße und den großen Tropfen
„ kennen kann, scheint eine bloße Wirkung des
„ Ueberschusses der elektrischen Materie zu seyn. „
Wenn ich hiezu noch dasjenige beyfüge, was
ich selber oft erfahren habe: so ist mir die große und durch unendliche Versuche bekandte Gemeinschaft des Wassers und des elektrischen Feuers
außer allem Zweifel. H 5 Satz

Satz: Wenn jemals die Elektricität der At=
mosphäre und der Erde, mit einander ringend,
das Feuer entweder aufwärts in die Höhe zie=
het oder von oben herabregnet: so bedient, sie
sich über den Gegenden der Atmosphäre eines
Leiters von Wasser

114. Nun werde ich zu dem Nutzen kommen,
der von der Elektricität zu ziehen ist.   Es
wird niemanden glaube ich verborgen seyn,
dem alte Sachen nicht verborgen sind: was
für abergläubische, faule, und für das mensch=
liche Herz schmähliche Dinge in Ansehung der
Donnerstrahle und des Wetterleuchtens, von
den Alten sind gesagt und geglaubt worden.
Fast alle Bücher der Naturforscher und Ge=
schichtschreiber erzählen davon.   Livius (Dec.
III. L. 2.) sagt: „ Die Furcht wurde ver=
„ mehrt durch die Wunderzeichen die aus vie=
„ len Orten zugleich angekündigt wurden: In
„ Sicilien hätten einigen Soldaten die Pfeile,
„ und in Sardinien hätte einem Reuter, der
„ auf der Mauer herum die rund Wache hat=
„ te, ein Stab, den er in der Hand gehalten
„ hätte, gebrannt; und die Ufer hätten mit
„ steten Feuer geleuchtet; und zween Schilde
„ hätten Blut geschwitzt; und einige Soldaten
                                        „ wä=

„ wären von Donnerstrahlen getroffen worden.
„ Zu Faleria wäre der Himmel gespalten
„ gesehen worden, als mit einer großen
„ Kluft, und aus derselben hätte man ein
„ ungemein großes Licht ganz deutlich heraus-
„ leuchten gesehen. —— Und zu Capua wäre,
„ dem Ansehen nach, der Himmel brennend,
„ und der Mond während dem Platzregen
„ weißglänzend gewesen. —— Da diese Zei-
„ tungen, so wie sie erzählt waren ausgebrei-
„ tet, und die Uhrheber derselben aufs Rath-
„ haus geführt wurden: so fragte der Burger-
„ meister die Vätter um Rath wegen der An-
„ stellung des Gottesdienstes. Es wurde be-
„ schlossen daß diese Wunderzeichen theils mit
„ größern Opfern, theils mit Milch-Opfern
„ abgewendet werden möchten, und daß ein
„ dreytägiges Bußfest bey allen Polstern ge-
„ halten werden möchte. Da im übrigen die
„ Zehnmänner die Bücher nachschlugen, daß
„ Alles so geschehen möchte, wie es in den Ge-
„ sängen, was nach dem Hertzen Gottes wäre
„ vorgeschrieben wurde: so wurde nach dem
„ Rathe der Zehnmänner beschlossen, daß erst-
„ lich dem Jupiter ein Geschenk von einem gol-
„ denen Donnerstrahle, fünfzig Pfund am Wehr-
„ te,

„ te, der Juno und der Minerva aber ein der-
„ gleichen Geſchenk von Silber gemacht wür-
„ de. ꝛc. ꝛc. „ (Iulius Capitolinus in Maximi-
no Iun.) „ Alles dieſes gieng wirklich das
„ Reich an. —— Eine kleine Lanze iſt von dem
„ Donnerſtrahle dergeſtalt geſpalten worden,
„ daß ſie auch ganz durch das Eiſen geſpalten
„ wurde, und zween Theile ausmachte. Da-
„ her ſagten die Wahrſager, es würden zween,
„ nicht lange regierenden Kaiſer aus einem Hau-
„ ße, und von gleichem Namen herrſchen. „
Wie wenn ich ſo gar Poeten anführte? Man
wird ſagen, daß ſie alle unſinnig ſeyn. Aber
ſchon längſt hat Seneca (F. IV. nat. quæſt.)
über dieſe Poſſen gelacht. „ Es iſt unglaublich daß
„ zu Cleona öffentlich angeſtellte Wächter eines
„ zukünftigen Hagels geweſen ſeyn. Wenn
„ dieſe das Zeichen gegeben hätten, daß nun
„ ein Hagel komme: was erwartet man wohl?
„ Daß die Menſchen nach den Wettermänteln
„ gelaufen ſeyn, oder nach den Deken? Viel-
„ mehr opferte ein jeder für ſich, der eine ein
„ Lamm, der andre einen jungen Vogel. Als-
„ bald wendeten ſich jene Wolken anderswohin,
„ da ſie etwas von Blute geſchmekt hatten.
„ Man lacht hierüber? Hier giebt es noch mehr

„ zu

„ zu lachen. Wenn Jemand weder ein Lamm,
„ noch ein anderes junges Thier hatte: so legte
„ er Hand an sich selbst, welches ohne Scha-
„ den geschehen könnte; und damit man nicht
„ etwan die Wolken für habsüchtig oder grau-
„ sam ansehe: so stach er sich mit einem wohl
„ zugespitzten Griffel nur in seinen Finger; und
„ mit diesem Blute vollbrachte er glücklich sein
„ Opfer. —— Aber, über diejenigen wurde
„ zu Cleona das Urtheil gesprochen, welchen
„ die Sorge, auf die Ungewitter, Achtung zu
„ geben, anvertraut war, wenn durch ihre
„ Nachläßigkeit die Weinberge verwüstet, oder
„ die Feldfrüchte erschlagen wurden. Und bey
„ uns in den zwölf Tafeln wird man gewarnt. „
Daß nicht jemand fremde Früchte durch gesän-
ge bezaubre.   „ Das noch rohe Alterthum
„ glaubte, die Plazregen könnten durch Gesän-
„ ge sowohl angezogen als zurückgeschlagen wer-
„ den.   Daß aber nichts dergleichen geschehen
„ könne, ist so klar am Tage, daß man um
„ dieser Sache willen in keines Philosophen
„ Schule gehen darf. „

115. Aber vielleicht ist dieses durch das Alterthum auch veraltete, oder abgetroschene Zeug
von der Christlichen Religion mit dem Heiden-
thume

thume abgeschafft worden? —— Auch in der
Christlichen Religion selbst, der Feindinn alles
Aberglaubens und aller Thorheit, ist durch die
Nachläßigkeit und Dummheit der Menschen einiges davon beybehalten, und anders neu dazu erzeugt
worden. Stillschweigend übergehe ich einige
Meynungen, die noch heut zu Tage fast bey
dem ganzen gemeinen Volke für bewiesen gehalten werden, in Ansehung der Donnerstrahle
und der Blitze des Himmels; welche Meynungen abergläubisch genug, und thöricht genug
sind. Ob sie nun gleich der heiligsten Religion
und dem gemeinen Wesen nicht wenig schädlich
sind: so übergehe ich sie doch, wie ich gesagt
habe, als Kleinigkeiten. Größer aber, ist das
Ungeheuer und, wie mir scheint, völlig aus der
Hölle hervorgerufen, so verderblich war es seit
langer Zeit dem ganzen menschlichen Geschlechte! Nemlich: „ Durch die Künste der Zaube-
„ rinnen sind die erschreklichsten Ungewitter er-
„ regt, die Donnerstrahle in die Gebäude der
„ Menschen geführt, Städte angezündet, Men-
„ schen und Vieh getödtet, die Feldfrüchte durch
„ den Hagel zernichtet worden. 2c. „ ——
Armselige Weiber, welche entweder die Unwissenheit, oder der Neid, der Uebelthat verdäch-
tig

tig gemacht hatte, kamen in die Inquisition;
sie wurden zu unmenschlichen Martern hingerissen; den thörichten Angeklagten wurden, ich
weis nicht was für Bekenntniß von den Richtern, den schlechten Naturkündigern, abgepreßt;
viele Tausende wurden hingerichtet! —— Gott
und Menschen wollen sich erbarmen! Ist das
Leben so vieler Sterblichen von so geringem
Werthe? Wußten sie doch nicht, weder die
Ursachen und den Ursprung und den Fortgang
der Ungewitter, noch die Geseze der zu uns
herunterschießenden Donnerstrahle! welche erst
ein spätes Weltalter nach ihnen meistens durch
Erfahrungen und Beobachtungen erfunden hat!
Ja noch heut zu Tage hat unser Weltalter
noch nicht Alles völlig erfunden! Und wer hat
endlich, und mit welcher Empfindug des Herzens, das Todesurtheil über einen Menschen
sprechen können, der entweder selbst sich als den
Uhrheber eines Ungewitters bekannte oder von
andern als ein solcher gewaltsam aufgedrungen
wurde? Wahrhaftig ein schönes Urtheil! „Einer sagte, er hätte einen Kieselstein in die
„Donau geworfen, und den ganzen Strohm
„hätte er durch den Wurf entzündet, und alle
„Nachen und Schiffe verbrannt. —— Der Rich-
„ter

„ ter verurtheilt ihn des Todes schuldig!„ ——
Wie wenn ihnen die Luft=Elektricität bekandt
gewesen wäre? Und die immerwährenden Ab=
wechselungen des Feuers derselben zwischen der
Atmosphäre und der Erde? und die Gesetze
der Elektricität? Und aus diesen die Gesetze
der Ungewitter? Wie, wenn sie die Richtun=
gen der Donnerstrahle nicht allein gewußt, son=
dern auch vorhergesagt hätten? Und wenn sie
alle Wirkungen der Donnerstrahle, durch die
Kunst nachgeahmt hätten? Wie, wenn sie bey
den öftern Ungewittern die Hauptstriche dersel=
ben auf der Erde und in der Luft ausgeforscht
hätten? Und dieses der Natur dererjenigen Kör=
per gemäß, die durch Wärme oder Kälte oder
auf irgend eine Art elektrisirt werden? Wie
wenn sie beständige Beobachtungen, und zwar
zufolge einem öffentlichen Befehle der Republik
nicht allein von den Ungewittern, sondern
auch von allen Begebenheiten der Luft gesam=
melt hätten? Sowohl durch Instrumente als
durch arbeitsame Geschiklichkeit, wie die heuti=
gen Naturforscher gewohnt sind? Wie wenn
sie alles dieses an vielen von einander abgeson=
derten Orten, die in der Eigenschaft des Erd=
bodens und der Himmelsgegend unterschieden
sind

sind, gethan hätten? Und das durch eine lange Reihe von Jahren? — Wie wenn sie endlich auch dieses einzige Gesetz das allen Naturforschern bekandt, und von allen für bewiesen, erkannt ist, fleißig beobachtet hätten: „Daß „man, bey den Erklärungen der Wirkungen „der Natur, niemals seine Zuflucht zu den „Kräften von, ich weis nicht was für Gei- „stern nehmen müße, wenn die mechanischen „Kräfte zureichen. „ Hernach. „Daß die „mechanischen Kräfte wirklich zureichen, und in „so weit zu schätzen seyn; indem durch gewiß- „se Erfahrungen bekannt ist, daß das Maaß „der Kräfte von dem Maaße der Wirkungen „übertroffen wird. „ Wenn dieses alles ihnen bekandt gewesen, oder einige Aufmerksamkeit von ihnen darauf gewandt worden wäre: so halte ich dafür alle Zauberinnen und alle Ungewitter der Zauberinnen, würden aus ihrem Gehirne seyn vertilgt worden; gleichwie sie auch heutiges Tages in den Gemüthern ausgebildeter Menschen vertilgt sind.

116. Ich muß aber der Sache näher kommen, soviel es sich nemlich mit Menschen thun läßt, die ihrer Sache wenig gewiß sind. — Die Zurüstung, um ein Ungewitter zusammen-

Z   zuwe-

zuwehen ist nicht bey allen einerley; und in
eben derselben Zurüstung findet sich kaum etwas
deutlich und ordentlich bestimmtes. Ueberall
aber ist der böse Geist, der vornehmste Uhrheber und der Baumeister alles Bössen. Remi-
gius (L. I. Dæmonolatr. c. 25.) sagt. „Das
„ erinnere ich mich gewiß, daß ohngefehr zwey-
„ hundert Menschen die von mir als einem Zwey-
„ manne, wegen des Verbrechens der Zaube-
„ rey zum Feuer verdammt wurden, durch ein
„ freywilliges und ungezwungenes Geständniß
„ bezeugt haben; daß sie zu gewissen gesetzten
„ Tagen gewohnt gewesen wären, haufenweise
„ an das Ufer entweder eines Teiches oder ei-
„ nes kleinen Baches zusammenzukommen, mei-
„ stens wenn irgend wo ein solcher gewesen
„ wäre, den die Einsamkeit vor den Augen
„ der Vorübergehenden verborgen gehalten hät-
„ te; und daselbst hätten sie das Wasser, mit
„ einer vom bösen Geist empfangenen Ruthe ge-
„ peitscht, bis sie Dämpfe und Rauch über-
„ flüßig erregt hätten, damit sie mit denselben
„ zugleich in die Höhe gehoben würden. Her-
„ nach, wenn diese so erregt worden wären,
„ hätten sie sich in dicke und schwarze Wolken
„ verhüllt; und nachdem sie, mit den bösen
„ Geistern zugleich, in dieselben eingewickelt ge-

„ wesen

„ wesen wären, hätten sie solche, wie es ih-
„ nen beliebte, hin und her getrieben und ge-
„ stoßen, und endlich mit einem großen Hagel
„ auf die Erden hinabgestürzt. „ Er setzt hinzu *) zuweilen wären sie gewohnt gewesen,
bevor sie so das Wasser zerschlagen hätten einen
irdenen Topf, worin der böse Geist ein Arca-
num verschlossen hätte, hineinzuwerfen, oder
auch Steine von eben der Größe, wie sie wollten das der Hagel fallen sollte. Bisweilen hätten sie blaue Kerzen mit dem Lichte abwärts
geneigt in den Teich gehalten damit sie den
Teich ganz mit jenen abfließenden Tropfen an-
fülleten; überdies hätten sie ein medicinisches
Pulver in das Wasser gestreuet. Meistens hätten sie zum schlagen des Wassers sich schwarzer Ruthen bedient die ihnen der böse Geist
gegeben hätte; und damit hätten sie das Wasser unaufhörlich gepeitscht und zugleich gräuliche
Flüche ausgestoßen. Einige hätten auch bekandt, das Fässer die Quere durch die Wolken von den Zauberinnen, mit Hülfe des bösen Geistes, hinangetrieben worden wären bis

J 2   die-

*) Man sehe auch nach, wen.. man will, Mart. Delrü
    Disquisitionum Magicarum L. II. pag. 123. Edit.
    Mogunt. 1603

dieselben über dem Orte hiengen, den sie bey
sich bestimmt hätten; alsdann wären dieselben
zerrissen worden und hätten Steine und Flammen verschüttet, die mit schnellem Ungestüm alles, was ihnen begegnete, verwüstet und zer-
trümmert hätten. Aus vielen dergleichen Exem-
peln hat Martin Delrio vornemlich zwey aus-
gelessen, das eine davon ist dieses: „Im Trie-
„ rischen Gebiete war ein Bauer, der mit sei-
„ nem achtjährigen Töchterchen Kohlkraut im
„ Garten pflanzete. Er lobte das Mädchen
„ sehr, daß es mit diesem Geschäfte so geschickt
„ umgienge. Das Mädchen, das, dem
„ Geschlechte und dem Alter nach, geschwäzig
„ war, rühmte sich, daß sie noch weit erstaun-
„ lichere Dinge machen könnte. Der Vater
„ forscht nach, was das wäre. Gehet ein klein
„ wenig beyseite sagte sie; und ich will, in
„ was für einen Theil des Gartens ihr wollt,
„ einen plötzlichen Platzregen verschaffen. Je-
„ ner verwunderte sich: nun gut sagte er, ich
„ will beyseite gehen. Indem dieser zurückge-
„ het: gräbt das Mädchen eine Grube, läßt
„ ihr Wasser dahinein, und macht es mit ei-
„ nem Stäbchen trübe, indem sie ich weis nicht
„ was darunter murmelt. Und siehe, da
„ fällt

„ fällt plötzlich ein Plazregen auf den besagten
„ Ort! „

117. Was diese Possen und Ungereimtheiten
zur Erregung von Regen und Ungewittern hel-
fen können, sehe ich wahrlich nicht ein, und ich
glaube nicht daß irgend ein Naturforscher es
einsieht; vielleicht haben sie zuweilen dazu ge-
dient, die Unwissenden zu äffen. Also wird
die ganze Sache den Künsten und den Kräften
des neidischen Geistes Schuld gegeben. Ich
will hier nicht untersuchen, was derselbe durch
seinen Verstand, was er durch Kunst vermöge.
Ich will zugeben, damit nicht widersprochen werden kann: und gerne will ich zugeben, daß derselbe böse Geist ein Ursächer von Ungewittern
seyn könne; ob ich gleich aus den eigenen Säzen
derer, die das lehren, vielleicht etwas ganz anderes schließen könnte. Daß aber die Zauberinnen mit seiner Hülfe wirklich jemals Ungewitter zusammengeweht hätten, das ist nimmer-
mehr wahrscheinlich. Meine Bewegungsgrün-
de sind: 1) Die meisten Ungewitter sind von
den Zauberinnen zu jenen zeiten erregt worden
da die Menschen sich mit der wahren Naturkunde am wenigsten Mühe gegeben haben. 2) Sie
sind erregt worden von Zauberinnen, die meh-

J 3   ren-

rentheils armselige alte Weibsleute waren; aus
der niedrigsten Classe des niedrigsten Pöbels,
alle dumm, die mehrern fanatisch; viele
krank am Körper, andre krank am Gemüthe,
einige auch boshaft. 3) In denenjenigen Gegenden, wo man noch weit entfernt war, auf
die Ausbildung der Gemüther und der Natur
sich zu legen, waren alle Gemüther, durch unzählige Erzehlungen von zauberischen und aber-
gläubischen Mährchen, und also von der Wie-
ge an, gewohnt, alles aus den zauberischen
Kräften zu erklären, was außer den gewöhnlich-
sten Erscheinungen geschah. 4) Heut zu Tage
werden keine Ungewitter mehr von Zauberinnen zusammengeweht, obgleich eben dieselbe
Misgunst des höllischen Geistes, und eben dieselbe Wuth der Menschen gegen Menschen noch
herrschet; und dieß ist um so gewißer, je fleißiger und je zuverläßiger wir die Natur ausfor-
schen, und je leichter wir es also einsehen würden, wenn was Zauberisches dabey verborgen
wäre. 5) Dasjenige was zur Bestätigung der
gezauberten Ungewitter angeführt wird, streitet entweder mit den mechanischen Gesetzen der
Natur; oder gehört zu den Regeln der Luft-
Elektricität; oder es stellt nur Finsterniße des-
jeni-

jenigen Alters dar, da dergleichen Sachen aus-
gehekt wurden: daß ist einem jeden, der Ein-
sicht hat, so klar, daß, wo wir nicht Kinder
oder alte Weiber seyn wollen, wir nichts davon glauben können. 6) Diejenigen Beobachtungen, von denen ich oben (§. 115.) gere-
det habe, sind niemals gemacht worden, ja sie
haben nicht einmal gemacht werden können;
ohne welche gleichwohl die Frage nicht konnte
entschieden werden: ob das Ungewitter von
einer zauberischen, oder vielmehr von einer
mechanischen Ursache abhänge. — Ich könnte
alles dieses, wenn ich wollte, weitläufiger und
mit nachdrücklichern Beweisen verfolgen. Nur
einen Beweis will ich anführen. Die Erzehlungen und Bekenntniße von denen durch Zauberinnen erregten Ungewitter stoßen so grob
gegen die mechanischen Gesetze der Natur an,
daß nichts drüber ist. Die Zauberinnen werden von dem bösen Geiste in die Wolken geschleppt; sie reuten auf denselben: sie schleppen
Fässer durch dieselben; sie Donnern; sie werfen Donnerstrahle herab (§. 116.). Die Gewitterwolken aber sind elektrisch (§. 110.).
Durch dieselben ist demnach das elektrische Feuer
in eine gleichwichtige Dichtigkeit ausgebreitet

J 4 (S.

(§. 8.) Durch den Donnerstrahl aber werden die Wolken von dem Ueberflüßigen Feuer entladen, oder, wenn es mangelt, damit angefüllt (§. 30.). Die Zauberinnen also, wenn sie den Donnerstrahl werfen, oder, indem sie von einer Wolke auf die andre reuten, den Donner hören lassen, ziehen selbst das gesammelte elektrische Feuer aus den Wolken heraus. Wird nun das elektrische Feuer in seine Uebergangslinie durch die Zauberinnen gezogen: so wird dasselbe entweder Alle die Wirkungen nach mechanischen Gesetzen hervorbringen, die es in andern lebendigen Thieren hervorzubringen pflegt; oder der böse Geist wird, durch eine Zerstörung dieser Gesetze auch die Wirkung zerstören. Dieses kann aber der böse Geist nicht; (nach dem, was in der Metaphysik bewiesen ist, und was selbst die Lehrer der magischen Ungewitter behaupten). Also wird jenes erstere erfolgen. Der Donnerstrahl aber (ja auch ein großer elektrischer Funke) tödtet einen Menschen, auf den er mit seiner ganzen Last fällt, (nach der Erfahrung). Folglich tödtet er auch alle Zauberinnen. Aber niemals hat er auch nicht eine einzige getödtet. Folglich ist auch nicht eine einzige von dem bösen

Geist

Geist in eine Wolke geschleppt worden; noch ist eine jemals von einer Wolke auf eine andre donnernd geritten; noch hat eine jemals Donnerstrahle geworfen.

Satz: Demnach ist es nicht wahrscheinlich, daß jemals irgend ein Ungewitter von einer Zauberinn sey erregt worden.

118. Aber ich werde vielmehr von dem physikalischen Nutzen dieser physikalischen Materie handeln. — Ehe noch die Menschen durch einen Versuch bewiesen hatten, daß die Natur der Donnerstrahle und des elektrischen Feuers eine und eben dieselbe sey: so wurde Franklin durch die Aehnlichkeit der Sache bewogen dem Nutzen nachzudenken, der daraus dem ganzen menschlichen Geschlechte zufließen könnte. „Wenn „sich alles dieses, sage ich, so verhält: würde „die Kenntniß der Kraft der Spitzen nicht „dem Menschen zum Nutzen gereichen können „wenn man dadurch Häuser, Kirchen, Schif- „fe, u. d. g. vor dem Schlage des Blitzes „zu sichern suchte? Man müßte anfangen auf „die höchsten Theile der Gebäude aufrecht ste- „hende eiserne Stangen zu befestigen. — Von „dem unteren Ende dieser Stange müßte man

J 5   „außen

„ außen an dem Gebäude einen Drath. bis in
„ die Erde heruntergehen laſſen; bey Schiffen
„ aber müßte dieſer Drath an einem der Maſt-
„ ſeile herunter, und von da ins Waſſer gelei-
„ tet werden. „   Als der erſte Verſuch hierin
nach Wunſche von Statten gieng: ſo gab Jedermann Herrn Franklinen Beyfall; man
wünſchte dem menſchlichen Geſchlechte Glück,
und man glaubte, daß dem Donnerſtrahle alle
Macht auf uns nunmehro benommen ſey. Allein nachher ſah man daß die Sache reifer
müßte unterſucht werden.   Auch hätten ſie einige Widerſacher bekommen, und unter dieſen
vornemlich einen ſcharfen und ſtandthaften an
Herrn Nollet.   Dieſer gab in ſeinem erſten
Briefe an Mademoiſelle Ardinghelli, ein Frau-
enzimmer von großem Adel und großer Gelehr-
ſamkeit, zu verſtehen, daß ihm nicht wenig
von demjenigen mißfiele, wovon man ſoviel
Rühmens machte.   Und im ſiebenden Briefe
ſchrieb er an Franklin: „ Aber ſind Sie
„ dann recht im Ernſte überzeugt, daß der
„ Donner nunmehro in der Gewalt der Men-
„ ſchen ſey? — Was mich angehet: ſo geſte-
„ he ich Ihnen ohne Umſtände, daß ich nichts
„ davon glaube; erſtlich weil ich ein allzugroß-

„ ſes

„ ses Mißverhältnis sehe zwischen der Wir-
„ kung und der Ursache; fürs andre, weil der
„ Grundsatz, worauf man sich stützt, um es
„ uns glauben zu machen, mir nicht völlig
„ festgesetzt zu seyn scheint. In der That, was
„ für einen Anschein hat es, daß die blitzende
„ Materie, die in einem Gewölke enthalten ist,
„ das eine ganze Stadt zu bedeken im Stan-
„ de ist, in zeit von einigen Minuten durch
„ einen fingerdicken Pfriemen durchfließen sollte,
„ oder durch einen Metalldrath, der ihn zu
„ verlängern diente? — Wenn man nichts nö-
„ thig hätte, als nur zugespitzte und hoch er-
„ habene Körper, um uns vor den Donner-
„ schlägen zu verwahren: würden nicht die Spi-
„ zen der Glokenthürme hinlänglich seyn, um
„ uns diesen Vortheil zu verschaffen? — In-
„ dessen weis man von allen Zeiten her, daß
„ der Donnerstrahl sie nicht respectirt, so we-
„ nig als die spitzigste Höhe der Berge.

Feriunt ——
Summos fulmina montes.

„ — Man will dieses Vorgeben darauf
„ gründen, daß eine Spitze in einer größern
„ Entfernung elektrisirt wird, als ein stumpfer
„ Kör-

„ Körper. Ich lasse das gelten. Aber ich be=
„ rufe mich auf diejenigen, die diese Versuche
„ mit Sorgfalt, und ohne Vorurtheil, wider=
„ holen werden, ob der Unterschied so gar
„ ansehnlich sey. — Nach diesem antworte ich
„ erstlich, daß dieser Vorzug, in einer weitern
„ Entfernung elektrisirt zu werden, von keiner
„ Stärke ist, sobald wir durch recht zuverläs=
„ sige Beobachtungen lernen, daß die elektri=
„ cität eines Gewittergewölkes viel niedriger
„ heruntersteigt, als die Orthe sind, wo man
„ ihm mit zugespitzten Körpern entgegen gehen
„ kann. Fürs andre setze ich hinzu, daß es
„ eine andre Sache ist, elektrisirt werden, ei=
„ ne andre, die elektrische Materie aussaugen,
„ erschöpfen. „ S. 155 — 160.

119. Wenn ich aber etwas urtheilen soll:
so mußte man im Anfange desjenige, was von
Franklin vorgeschlagen wurde, auspoliren,
nicht aber wegwerfen; und noch weniger vorher
wegwerfen, ehe man nicht durch Versuche, die nicht
bloß einmal angestellt, sondern auf tausenderley Ar=
ten angestellt worden, erfahren hätte, daß die Sache
auf alle Arten ganz und gar unmöglich wäre.
Nicht einmal Franklin selbst, so wie er in den
meisten Dingen sehr bescheiden ist, hat dasje=
nige, was er zu erst vorgeschlagen hatte, gleich
für

für vollgiltig gehalten: „ Viele von diesen
„ Gedanken, mein Freund, sind noch rohe
„ und übereilt. Wäre ich bloß bemühet, in
„ der Naturlehre berühmt zu werden : so müß-
„ te ich dieselben bey mir behalten, biß sie
„ verbessert, und durch Zeit und weitere Er-
„ fahrung bestätiget würden. „ Erstlich aber
sieht Nollet keine Verhältniß zwischen dem
Feuer einer Gewitterwolke, und einer eisernen
Röhre, durch welche es ausfließt. Wird dann
auch zwischen hundert oder tausend Röhren kein
Verhältniß seyn? Aber laßt uns die Sache
näher betrachten! Ist nicht der Donnerstrahl
in die Zurüstung des Prof. Richmanns mit
einem großen Strohme abgeflossen, so daß ein
Feuriger Ball von der größe einer Faust, auf
den Kopf dieses Gelehrten herausgefahren ist?
„ Viele Personen außer dem Hause haben aus-
„ gesagt, sie hätten wirklich gesehen, den Don-
„ nerstrahl aus der Wolke auf die Zurüstung
„ des Professors auf dem Gipfel seines Hau-
„ ses sich stürzen. „ (Philos. Transact. 1754.)
Hat sich nicht das Feuer auch in den eisernen
Drath und in die Stange, woran jene drey
Bologneser die Hände gehalten hatten, mit
solcher Gewalt gestürzt, daß es dieselben, als
                                        todt

todt, zur Erde niedergeworfen hatte? „ Die
„ Sache kam ihnen theuer zu stehen.   Denn
„ obgleich alle der Gefahr entgangen waren:
„ so schien es doch, daß man nicht nöthig hät=
„ te, die Elektricität mit so großem Schreken
„ weiter zu untersuchen. Denn indem einer die
„ eiserne Stange mit beyden Händen hält, an=
„ dre zween aber mit der Kette umgehen:
„ siehe, so kommt plötzlich ein entsetzlicher Blitz
„ mit einem so großen Knalle, daß Alles zu Trüm=
„ mern zu gehen schien. Jene wurden mit großer
„ Heftigkeit, (derjenige insonderheit, der die
„ Stange mit den Händen angefaßt hatte,)
„ durch und durch erschüttert, und rückwerts
„ geschlagen; und nicht sobald waren sie zu
„ Boden geworfen, als ihnen durch die Er=
„ schütterung die schmerzhafteste Empfindung
„ verursacht wurde, die erstlich in den Armen
„ ihren Anfang nahm, und sogleich durch die
„ übrigen Theile des Körpers, und sogar bis
„ an die äussersten Zähen der Füsse durchgieng.„
(Comment. Bonon. T. III. p. 96.) Lesen
wir nicht, daß nicht fast eben das an vielen
Orten auch geschehen ist? Wie, wenn diese
Unglüklichen dem Flüßigen einen breitern Raum
verschaft hätten? Wie wenn sie ihn so weit

gemacht

gemacht hatten, daß es im Durchgange am
allerwenigsten gepreßt worden wäre? Wie,
wenn eben das an vielen Orthen, in derselben
Stadt, und zu derselben Zeit wäre gethan
worden? Und daß mit eisernen Stangen, von
der größten Last, als sich hätte thun lassen;
und mit Ketten von dicken Dräthen, die in
Brunnen oder Bäche u. d. g. geleitet wären?
Ich halte dafür sie würden entweder den ganzen Donnerstrahl in sich gesogen, oder doch die
Flamme so verringert haben, daß, wenn ja
eine Flamme herausgekommen wäre, sie ohne
Gewaltthätigkeit und gleichsam entwaffnet abgegangen wäre. Man hat viele hundert Geschichten von Donnerstrahlen aufzuweisen, worinn erzählt wird, daß die ganze Flamme des
Donnerstrahles entweder in einem dünnen Uhr-
Drath, oder in eine metallene Stange, oder
in einen Baum, u. d. g. sich ergossen habe.

120. Aber warum sollen nicht auch die
Berge, und die Kirchthürme, den Gewitterwolken ihr Feuer aussaugen können? Zwar
leugnet Nollet selbst nicht, daß sie saugen;
denn.

Feriunt

Feriunt ——
Summos fulmina montes.

Demnach leugnet er nur, daß sie aussaugen. Aber vielleicht saugen sie ofte auch alles Feuer aus. Geht nicht das Ungewitter den Ketten der Gebirge nach? Werden aber nicht auch die wütendsten Wolken oft dergestallt besänftigt, daß man keine Donnerstrahle fallen gesehen hat? Wo ist also das elektrische Feuer hingekommen? Denn irgendwohin muß es gekommen seyn. Man mag also sagen, entweder, die Donnerstrahle seynd an unbekandten Orten gefallen, oder, es seyn keine gefallen: so muß man doch allemal gestehen, die Berge hätten die mehreste Kraft des Donnerstrahles eingesogen. Aber vortrefflicher sprechen hievon die Abhandlungen der Königl. Akademie in Paris vom Jahr 1755. S. 281. „Dieses „scheint bestätiget zu seyn durch eine Beobach-„tung, wovon mir ein gelehrter Naturfor-„scher (Herrn Bouguer) Nachricht ertheilt „hat, der einige Zeit in einem gebirgigen „Lande zugebracht hatte. Er sagte mir, daß „er sehr vielmal Feuer, aus diesen Gebirgen „hätte herauskommen gesehen, wenn gewisse „Gewölke durch den Wind gegen oder wider

„die

„ dieselben' getrieben wurden. „   Mit diesem
stimmt auf eine wunderbahre Art ein, was von
J. Freke erzehlt wird :   „ Ein Freund, der
„ im Jahr 1710. in der Stadt Warham in
„ Dorsetschiere wohnte, hat mir gemeldet,
„ er hätte in der Nacht des großen Sturmes
„ aus seinem Fenster, mitten im stärksten Un=
„ gewitter, gesehen, große Gewölke von Feuer
„ mit Schnelligkeit von der Höhe der nahen
„ Gebirge herab rollen. „   *)

Von der Kraft der Thürme aber, gegen die
Ungewitter, haben wir viele Zeugniße: „ Auf
„ dem Glokenthurme der Kirche zu Plauzat in
„ Auvergne befindet sich ein eisernes Kreuz,
„ ohne Mahlerey und ohne Firniß.   Die äu=
„ sern Ende dieses Kreuzes, davon die Stange
„ etwan 2 Fuß hervorraget, sind nicht rund,
„ sondern fast wie die französische Lilien gestal=
„ tet, mit scharfen Spitzen.   So oft ein gro=
„ ser Sturm von dicken Wolken und häufigen
„ Blitzen begleitet einfällt, zeiget sich an jedem
„ der äußern Ende dieses Kreuzes ein leuchten=
„ der Körper.   Nach einer sage von undenkli=

K   „ chen

*) Essai sur la cause de l'Electricité. Par. *Jean Freke*
Membre de la Societé Royale de Londres &c p. 9.

„ chen Jahren her, ereignet es sich sehr selten,
„ daß der Donner zu Plauzat oder daherum
„ einschlägt, wenn diese Erscheinung sich zeigen
„ will. Sobald es erschienen ist: fürchtet man
„ nichts mehr. —— Manchmal dauert sie
„ drittehalb Stunden, und widerstehet dem
„ Regen, so häufig er auch fällt. Dieses wird
„ durch das Zeugniß aller Einwohner, und
„ durch einen Brief des dasigen Pfarrers,
„ Herrn Binon, bestätiget, der sich 27 Jahre
„ da aufhält, und ein sehr genauer Beobach-
„ ter ist. „ (Hamburger Magazin B. 9.
S. 359. 360.) Von einem dergleichen Lichte
auf dem St. Peters-Thurme zu Nordhausen
in Deutschland haben wir Nachricht erhalten,
noch ehe uns Frankreich von dem Thurme zu
Plauzat was erzehlt hatte. „ Im Jahre 1749.
den 2. Februar Abends gleich nach 6 Uhr, bey
„ einem starken Sturmwinde, welcher zu der
„ Zeit mehr von Mitternacht, als von Abend
„ kam, bey vielem Schnee und Schloßen, ha-
„ ben auf dem Thurme zu St. Peter die obern
„ Spitzen der Eisen, derer zehen sind, —— al-
„ le eine lichte Flamme gehabt; eines aber da-
„ von, gegen Mittag, hatte am Knie, wo es
„ gebogen war, eine Flamme, und oben an
„ der

„ der Schraube zwo. Es sind diese beyde lich-
„ ten Flammen etlichemale mit einem Finger
„ ausgelöscht worden; und wenn die Hand,
„ die sie ausgelöscht, hinweg gewesen, haben
„ sie sogleich wider angefangen zu leuchten. —
„ Es ist auch hiebey noch wahrgenommen wor-
„ den, daß das Licht so einen Laut macht, als
„ wenn eine kleine Fliege im Spinnengewebe
„ hängt und summet. Man hat solches Sum-
„ men im Jahre 1747. bey hellem Tage gehö-
„ ret; auch hat man, bey einem starken Don-
„ nerwetter und Blitzen des Nachts, das Ei-
„ sen, welches die drey Flammen gezeigt, helle
„ scheinen gesehen. „ (Hamburger Magazin,
B. 7. S. 420). Ich will diesem noch etwas
beyfügen, das vielleicht von mehrerer Wichtigkeit als das übrige ist, welches auch Nollet
selbst (in seinem IX. Lettre S. 228 — 230 aus
den *Mémoires du Comte de Farbin Chéf d' Es-
cadre*, anführt, und welches von dem berühmten Herrn Prof. Kästner in Göttingen ins
Deutsche übersetzt worden: „ Während der
„ Nacht zog sich plözlich ein sehr starkes Ge-
„ wölke zusammen, wobey entsetzliche Blitze
„ und Donnerschläge entstunden. Weil ich ei-
„ nen starken Sturm befürchtete, ließ ich alle

K 2   „ Se-

„ Segel einziehen. Wir sahen auf dem Schif=
„ fe mehr als 30 Feuer von St. Telmo. Ei=
„ nes unter andern befand sich oben auf dem Wet=
„ terhahne des großen Mastes, welches mehr
„ als anderthalb Fuß hoch war. Ich schik=
„ te einen Matrosen hinan, es herunterzubrin=
„ gen. Wie der Kerl oben war schrie er,
„ dieses Feuer machte ein Geräusch wie Pulver
„ das man benetzt hat. ehe man es anzündet.
„ Ich befahl ihm, den Wetterhahn abzuneh=
„ men, und damit herunterzukommen. Aber
„ kaum hatte er solchen von seiner Stelle ge=
„ nommen, so gieng das Feuer davon weg,
„ und setzte sich auf das Ende des Mastes, oh=
„ ne daß man es davon hätte abbringen kön=
„ nen. Es blieb daselbst ziemlich lange, bis
„ es nach und nach vergieng. Der gedrohete
„ Sturm hatte weiter keine Folgen, als einen
„ starken Regen, der etliche Stunden dauerte,
„ worauf es wider schön Wetter ward. „
(Hamburger Magazin, B. 7. S. 426.).

121. Da wir davon handeln, wie die Kraft
der Donnerstrahle durch eiserne Stangen kön=
ne zerstört werden: so ist unsre Absicht, die
Wirkung zu erreichen, daß die Tempel, daß
die Gebäude, daß die Menschen, die darinne
                                        woh=

wohnen, von der Flamme des Himmels mögen
verschont werden. Demnach wenn diese Flam=
me an unsern Häusern heruntergehet (§. 118.)
und sich in die Erde hineinziehet: was geht sie
uns hernach weiter an? Aber wir wollen uns
hiemit nicht allzuviele Mühe geben. Der lau=
ernde Donnerstrahl streitet mit wechselsweisen
Hin = und Herfahren, aus dem Himmel auf
die Erde, und aus der Erde in den Himmel. Dem=
nach muß man ihm einen Weg bereiten, der leicht
und kurz ist (§. 105.), und der von der Ge=
sellschaft der Menschen abgesondert ist, und
welcher mitten durch die Mauern bis über die
Giebel der Dächer, auf einem breiten Pfade,
hinausläuft. Aber laßt uns alles zugeben, ob
wir gleich mit Wahrscheinlichkeit vieles dagegen
sagen könnten; laßt uns sage ich, alles zuge=
ben, und laßt uns annehmen, „daß eine an=
„ dre Sache ist, elektrisirt zu werden; eine an=
„ dre Sache, die elektrische Materie auszusau=
„ gen, zu erschöpfen (§. 118.). „ Welches
jedoch allem demjenigen zuwider ist, was wir
im ersten Theile bewiesen haben. So weit aber
auch alles das, was wir einraumen gültig seyn
mag: so ist es doch gewiß, daß auch die Ber=
ge die meisten elektrischen Feuer aussaugen, oft

K 3 auch

auch ganze Ungewitter erschöpfen; daß auch die
Thürme und die Masten der Schiffe das Feuer der Wolken in unglaublicher Menge einsaugen.

Satz: Daher ist keinesweges an der Hoffnung
zu verzweifeln, daß wir nicht einstens den Ungewittern alles schädliche Feuer, (wenn es nicht
etwan über alle Maaße häuffig zusammengeballt
wäre) durch Maschinen werden benehmen können, die nach den, Regeln der Elektricität behörig zusammengesetzt sind.   Das aber ist klar
am Tage, daß man den Lauf der Donnerstrahle von einem Orte in den andern ableiten könne, und daß dadurch der Tödtung von Menschen und Vieh können Schranken gesetzt werden.

122. Unter die entsetzlichsten Wirkungen der
Donnerstrahle gehören die Feuersbrünste in
Städten, Dörfern, Wäldern.   Es verläuft kein
Jahr, da nicht beweineswürdige Geschichten hievon öffentlich bekandt gemacht werden.   Wer
siehet aber nicht aus dem, was gesagt worden,
daß eine Feuersbrunst, die von einem Donnerstrahle entstehen kann, Hinderungen in den Weg
können gelegt werden?   Wir werden es aber
aus

aus dem Folgenden noch mehr sehen. Wenn ein Donnerstrahl in Körper einschlägt, die durch eine leichte Berührung einer Flamme Feuer fangen: so versengt er sie gleichwohl nicht; ja er macht sie oft auch nicht einmal schwarz: da er doch die übrigen Körper, die ein gewaltsames Feuer sonsten kaum bändigt, im kürzesten Augenblike, gleichsam durch einen bloßen Anhauch, erhitzet, zerschmelzt und zerstreuet. Dieses Räthsel hat von jedem Weltalter her, jedermann wunderbar geschienen; von niemanden aber ist es aufgelöset worden. Die Alten haben zwar einiges davon gesagt; aber ich weiß, daß sie entweder die Sagen ihrer Alten wiederholt, oder an derer Statt keine besseren gegeben haben. Seneka sagt (Quæst. Nat. L. I.): „ Die Gattungen der Donnerstrahle bestehen darin: daß „ einer durchbohrt, daß einer zerschmettert, „ daß einer brennet. Derjenige, der Durch= „ bohrt, ist subtil und flammicht; und der „ durchfährt das Allerrengeste eines Körpers, „ wegen der unvermischten und reinen Dün= „ nigkeit der Flamme. Derjenige, der zer= „ schmettert, ist zusammengeballt, und es ist „ ihm die Kraft eines eingezwängten und stür= „ mischen Geistes beygemischt. —— Daher „ bricht diese Kraft heraus, und schmeißt und

K 4　　　„ zer=

„ zerſtreut alles weit um ſich herum; aber ſie
„ durchbohret nicht. Die dritte Gattung, die
„ da brennt, hat viel irdiſches in ſich, und
„ ſie iſt mehr feurig als flammicht. „ Und
Plinius (L. I. C. 52.) ſagt: „ Es werden
„ viele Gattungen von den Donnerſtrahlen
„ ſelbſt angegeben; einige die troken kommen,
„ brennen nicht, ſondern zerſtreuen; einige die
„ feucht ſind, brennen nicht, ſondern ſchwärzen
„ nur, u. ſ. w. „ Wer hat aber die Reinigkeit des durchbohrenden, oder die irdiſche Laſt
des brennenden, oder die Trokenheit des nicht
brennenden, oder die Feuchtigkeit des ſchwär-
zenden Donnerſtrahles jemals ſo ſcharfſinnig
eingeſehen? Das elektriſche Feuer iſt bey allen
Donnerſtrahlen eines und eben daſſelbe, und
bey allen iſt es gewiſſen Geſetzen unterworfen
wenn man aus dieſem Grunde alle Wirkungen
mit demſelben vergleicht, hierauf müſſen wir
alſo unſre Augen richten. Der leichteſte Weg
für das elektriſche Feuer gehet durch die Metalle
und durch das Waſſer; ſchwerer gehet er durch
Lagen von Steinen und Mauerziegeln; am
ſchwerſten durch einen Haufen troknen Holzes
Oder Spreue. Es gehet aber allezeit dem leich-
teſten Weg nach; demnach zieht ſich der Donnerſtrahl nach den Metallen und Waſſern, indem

dem er die Holzbalken und die Strohhaufen
vorbeygehet. Daher fällt er auch von den Dä-
chern der Häuser, die vom Regen naß sind,
unschädlich herunter; oder wenn er in die innern Theile der Häuser eindringt: so fährt er
auf das Eisenwerk zu, womit entweder die
Sparren der Dächer oder die Mauerwände zusammen befestigt werden; oder, wenn er durch
einen Schornstein auf den Feuerherd einfällt;
so schlägt er in die Feuerflamme, ohne Verlezung derer, die um den Herd seyn mögen;
oder er ziehet sich nach den höchsten Spitzen
der Thürme, läuft an den Eisendräthen, mit
welchen der Hammer der Uhrglocke verbunden
wird, herunter, und läßt alles andre, was
nur ein klein wenig aus dem Wege geräumt
liegt, unversehrt; erzündet aber, erhitzet schmelzt
und verbrennt alles, was er im Wege antrifft. Das meiste hievon hat sich zugetragen
bey dem Donnerstrahle, der den 3 August 1762
in der Vorstadt bey uns (in Wien) gefallen
ist. Das Eisen und Bley ist an vielen Orten
geschmolzen; eine durchbohrte Ziegelmauer wurde so heiß, daß Niemand die Hand daran halten konnte; Holzwerk aber, und Leinewanden
wurden bloß geschwärzt. Als ich aber den Ort

K 5   über-

überall untersuchte und besichtigte: so konnte
ich die Ursachen ganz leichte einsehen. Sehr
viele dergleichen, und auch einige wichtigere Geschichten der Donnerstrahle kann man in den
Abhandlungen, der Königl. Akademie der Wissenschaften in Paris, in den philosophischen
Transactionen, in den Abhandlungen der Königl.
Schwedischen Akademie, und an anderen Orten
hin und wieder finden.

Satz: Die Ursache, warum einige Donnerstrahlen brennen und entzünden, andere aber
nicht brennen und nicht entzünden, ist in der leichtesten und kürzesten Uebergangslinie zu suchen
(S. 104.)

123. Nun komme ich zu einigen Wirkungen der Donnerstrahle, die zwar weniger ge-
fährlich, aber desto mehr bewunderswürdig sind.

Geschichte.

Seneca. In seinen Quæst. Nat. L. II.

„ Die werke des Donnerstrahles sind wunder-
„ bar, wenn man sie betrachten will; und sie
„ lassen keinen Zweifel übrig, daß nicht eine gött-
„ liche und subtile Kraft in denselben lige. Das
Sil-

„ Silber in Beuteln wird zusammen geschmelzt,
„ und die Beutel bleiben ganz und unversehrt;
„ das Schwerdt in der Scheide zerfließt. und
„ die Scheide bleibt; und um den Wurfspieß
„ tropft alles Eisen ab, und das Holz wird
„ nicht verlezt. „

Versuch.

Zurüstung: Ich nehme ein Blätchen von Gold
oder Silber. Ich wikle es in ein Stükchen Leder (oder ich lege es zwischen zween Holzspäne)
ohne Pressung. Ich seze es in die Ubergangs-
linie. Ich entlade eine große Flasche.

Erscheinungen: 1) Nach Entladung der
Flasche finde ich, daß das Gold - oder Silber-
Blätchen in dem Stükchen Leder völlig verschwun-
den ist; an dessen Stelle findet sich ein dunkler
oder schwärzlicher Streif in das Leder eingedrükt.
2) Wenn ich mich eines Leders bediene, das
nur ein wenig glatt ist: so sehe ich keine Merck-
male weder von dem Eindringen noch von dem
Ausgang des Feuers; bey dem Gebrauche eines
glatten Leders aber entdecke ich auf beiden Seiten ein Löchelchen, das ungemein klein ist, und
auf keine Weise mit der Masse des Funckens der
durch

durch die Explosion erzeugt wurde, in Vergleichung kommen kann.

Folgerung: Die Flamme der Explosion und des Donnerstrahls ist eben dieselbe (§. 110. 111.). Demnach sind auch die Wirkungen von beyden eben dieselben; wenn ihre Arten zu wircken mit einander verglichen werden. Der Donnerstrahl schmelzt das Silber in unverletzten Beuteln (nach der Geschichte). Die Flamme der Explosion schmelzt das Gold= oder Silber= Blätchen, ohne sichtbare Verletzung des Leders, worein es gelegt wird (nach der Ersch. 1. 2.).

Satz: Wir ahmen demnach mit dem elektrischen Feuer die bewundernswürdige Wirkung des Donnerstrahles, der das Silber in unverletzten Beuteln schmelzt, aufs vollständigste nach.

Geschichte.

124. Zu Schemnitz im königlichen Palaste wird zum Andenken ein Bajonet aufbewahrt, dessen Schneiden von dem Donnerstrahle so geschmolzen sind, daß man überall, die nach der Schmelzung wieder erkalteten eisernen Kügelchen, in Menge und von ziemlicher Größe,

sehen

sehen kann. Das Bajonet gehörte einem Stük-
gießer; es war, mit der Scheide versehen, auf
eine Mußkete aufgepflanzt und hieng an der
Wand, als der Blitz in die Schmelzhütte einschlug. Mit dem Schlage fuhr er durch die
Wand und durch die Muskete, schmelzte das
Bajonet und zerriß es in Stüken, ohne Verlezung der Scheide; außer daß er den Ring,
womit das äuserste Ende der Scheide eingefaßt
war, abgerissen hatte. *)

Versuch.

Zurüstung: Ich nehme zween stählerne, po-
lirte, zugespizte Dräthe. Die Dräthe lege ich
zwi-

*) Dieses habe ich zum Theil selber gesehen, da ich im
Jahre 1759 eine Reise nach den ungarischen Berg-
werken unternahm; zum Theil habe ich es aus den
Erzählungen der sehr gnädigen und einsichtsvollen
Herrn, denen ich die gröste Verbindlichkeit schuldig
bin, Sr. Exc. des Herrn Grafen von Sauer,
Vorstehers der Bergwerke, und Sr. Hochwohlge-
bohr. des Herrn von Hegengarten, Vice-Vor-
stehers. Denn unter ihren Augen hatte sich die Sache zugetragen, und sie selbst haben das Bajonet in
den königlichen Palast zum Andenken in Verwahrung
überlifert.

zwischen Plätchen von Glas (oder von Holze)
so daß die Spitzen gegen einander stehen, und
durch einen kleinen Zwischenraum von einander
abgesondert sind.   Die Plätchen binde ich mit
einem Bindfaden etwas feste zusammen.   Ich
setze dieses kleine Maschinchen in die Uebergangslinie.   Ich entlade eine große Flasche.

Erscheinungen: Wenn die Plätchen wieder
aufgemacht sind: so finde ich 1) einen metallischen Fleken in das Glas eingedrükt, an dem
Orte des Zwischenraums, wo die Spitzen der
Dräthe einander entgegen stunden.   Dieser Fleken; mit dem Mikroscope betrachtet, zeigt unzählige Fasern und metallische Kügelchen,
Kennzeichen einer Schmelzung, die ungemein
glänzend sind.   2) Die stählernen Dräthe selbst
sind an den Spitzen meistentheils um etwas
weniges verkürzt worden; allezeit aber (wenn
die Explosion auch nur mittelmäßig ist) bekommen sie die Farbe des geschmolzenen Metalles
und wenn sie durch ein Vergrößerungsglas angesehen werden: so zeigen sie die allermeisten
und gewissesten Merkmale einer Schmelzung.
3) Die gläsernen Plätchen, wenn die Explosion nicht allzuheftig ist, zerbrechen niemals.

Die

Die Folgerung ist klar.

Satz: Die Elektricität folgt durch die Nachahmung der Wirkung des Donnerstrahles aufs
vollständigste nach, da dieser ein Seitengewehr
ohne Verlezung der Scheide schmelzt.

125. Franklin hat zuerst gelehrt, wie man
durch das elektrische Feuer Metall schmelzen
könne. Die Schmelzung aber nennete er kalt,
weil er nach erfolgter Entladung, keine Wärme fühlte, wenn er die Hand an den Ort
der Schmelzung angehalten hatte. Zwar ist er
hierin mit Rechte eines Irrthums von Herrn
Nollet erinnert worden: „Betrachten Sie
„ wenn es Ihnen beliebt, auf der einen Seite
„ die unaussprechliche Geschwindigkeit, mit
„ welcher dieser Feuerstrahl wirkt: und auf der
„ andern Seite das kleine Theilchen von Gold
„ oder Silber, das er zerrieben, oder, wenn
„ Sie wollen, geschmelzt hat: und sie werden
„ leicht begreifen, ohne eine neue Art von Feu-
„ er zu erdenken, daß der Grad der Hize,
„ wenn er auch so gewesen wäre, wie er seyn
„ muß, um ein Metall zum Schmelzen zu brin-
„ gen, nur einen Augenblik hat dauern können
„ und also zu wenig Zeit, um ihnen Muße zu

„ las-

„ laſſen, die Sache, durch das Gefühl zu er-
„ kennen. „   (Lettre III. pag. 49). Es giebt
aber auch noch heut zu Tage einige unter uns,
die da wollen, daß die Metalle durch das elektriſche Feuer nur zerriſſen und zerſtreut, nicht
zerſchmelzt werden.   Eben der Meynung war
auch Nollet, ob er gleich Franklins Verſuch
auf viele und verſchiedene Arten wiederholt
hatte. Ich weis nicht, ob er zinnerne Blätchen durch eine heftigere Flamme zu ſchmelzen
mag verſucht haben; denn in dieſen leuchtet
nichts deutlicher hervor, als die Schmelzung,
wenn man das Vergrößerungsglas zu Hülfe
nimmt.   Ich habe auch noch eine andre Art,
die derjenigen ähnlich iſt, welche ich S. 124. be-
ſchrieben habe, und nach welcher der Verſuch
faſt niemals fehlſchlägt.   Die Blätchen von
Zinne, die hinlänglich dichte ſeyn müßen, zeigen ſich da ſo deutlich geſchmolzen und verſengt,
das derjenige ſtumpfe Augen oder ein ſtumpfes
Gemüthe haben muß, der auch nur im gering-
ſten daran zweifelt.   Von ungefähr habe ich
auch Metalle in Schlaken verwandelt; ſie von
ungefähr calcinirt, u. ſ. w.   Aber gegenwärtig
will ich dieſe Sachen nicht weiter verfolgen.

Geſchichte.

Hamburger Magazin; B. III. S. 226. *)

126. „ Den 8 Julius 1689 hat das Wet-
„ ter in die Kirche von St. Sauveur zu Lag-
„ ni eingeſchlagen. Es iſt nicht nöthig, darin
„ ein Geheimniß zu ſuchen, worüber ſich, nach
„ des L'Amy, eines Geiſtlichen, aber auch ei-
„ nes Philoſophen, eigenen Ausdrufe, nur Leu-
„ te verwundert haben, deren Philoſophie die
„ Sinnen nicht überſteiget, daß das Wetter in
„ einen Kirchthurm eingeſchlagen, faſt 50
„ Perſohnen, die in der Kirche beteten, oder
„ die Gloken läuteten, umgeworfen, und ſelbſt
„ auf dem hohen Altare Unordnung angerich-
„ tet hat: noch viel weniger, daß das Bild
„ des Heilandes auf dem Altare ſtehen geblie-
„ ben iſt, ob gleich ſein Poſtement zerſchmet-
„ tert und weggeriſſen worden iſt; denn dieje-
„ nigen, die zu ungläubig waren, ſich ſogleich
„ eine wunderbare Erhaltung in der Luft ein-
„ zubilden, haben gefunden, daß es im Rü-

L   cken

*) Aus dem franzöſiſchen Werkchen des P. L'Amy:
Conjectures Phyſiques ſur les efféts les plus extraor-
dinaires du Tonneres &c. 1696. 12.

„ cken vermittelſt eines Eiſens an dem Altare
„ befeſtiget war.   Viele andre erſtaunliche Wir-
„ kungen dieſes Wetters von gleicher Wichtig-
„ keit übergehen wir, um auf unſern Hauptge-
„ genſtand zu kommen. Die lateiniſche Con-
„ ſecrations-Formel iſt in einem Augenblicke
„ auf das Altartuch, aber mit Weglaſſung
„ derjenigen Worte, in denen der Leib und
„ das Blut genennet werden, abgedruft wor-
„ den.   Man hat nemlich folgendes auf dem
„ Altartuche gefunden;

„ Qui pridie quam pateretur, accepit pa-
„ nem in ſanctas ac venerabiles manus
„ ſuas, & elevatis oculis in cœlum ad
„ Te, DEUM, Patrem ſuum omnipo-
„ tentem, Tibi gratias agens benedixit,
„ fregit, deditque Diſcipulis ſuis, dicens:
„ Accipite & manducate ex hoc omnes.

„ Hier fehlte: *Hoc eſt enim corpus meum.*
„ Dann folgte wieder: Simili modo poſt-
„ quam cœnatum eſt, accipiens & hunc
„ præclarum calicem in ſanctas ac venera-
„ biles manus ſuas, item Tibi gratias agens
„ benedixit deditque discipulis ſuis, di-
„ cens: Accipite & bibite ex eo omnes.

„ Hier

„ Hier fehlte wieder:

„ *Hic est enim calix sanguinis mei, novi*
„ *& æterni Testamenti, mysterium Fidei,*
„ *qui pro vobis & pro multis effundetur*
„ *in remissionem peccatorum.*

„ Darauf folgte:

„ *Hæc quotiescumque feceritis, in mei*
„ *memoriam facietis.*

„ — L' amy hat in der Kirche selbst alle
„ Umstände und Wirkungen des Gewitters aufs
„ genaueste untersucht. Die neue Art vom
„ Druke auf dem Tuche ist schön und deutlich
„ und die Schrift vollkommen scharf ausge=
„ drukt gewesen; nur hat sie ein wenig blaß
„ ausgesehen. Der Pfarrer von St. Sau=
„ veur berichtete ihn, wie das Wetter einge=
„ schlagen; sey das Papier, auf dem sich der
„ Meßcanon befunden, zwischen dem Teppich
„ und dem Altartuche, über dem Steine, auf
„ welchem consecrirt wird, dergestalt ausge=
„ breitet gewesen, daß die bedrukte Seite gleich
„ auf dem Altartuche gelegen. Der Druk des
„ Donners stimmte mit dem Druke der Men=

„ schen

„ ſchen vollkommen an Schrift, Inhalt,
„ Ordnung und Zeilen, u. ſ. f. überein, nur
„ daß er verkehrt war; dergeſtalt daß man ihn
„ entweder durch einen Spiegel leſen, oder
„ das Altartuch gegen das Licht halten, und
„ ihn alſo durch daſſelbe durchſcheinend leſen
„ mußte. Die weggelaſſene Worte aber wa-
„ ren in dem Meßcanon roth gedrukt, und
„ einige andre Züge, die nichts bedeuteten,
„ und im Meßcanon ebenfalls roth waren,
„ fanden ſich im Abdruke des Wetters auch
„ nicht. Zwar ſah man das Q, welches in
„ dem erſten Worte Qui roth war, auch roth
„ abgedrukt, aber ſo ſchwach und undeutlich,
„ daß man aus den Zuſammenhange errathen
„ mußte, daß es ein Q ſey. „

Verſuch.

Zurüſtung: Ich ſchneide irgend ein Wort
aus, daß nicht allzulang, und mit kleinen
ſchwarzen Buchſtaben gedrukt iſt. Ich nehme
ein anderes, daß dem erſtern ähnlich, aber mit
rothen Buchſtaben gedrukt iſt. Beyde ausge-
ſchnittene Worte lege ich auf ein Stükchen wei-
ßer, reiner, feiner Leinwand: (oft mus man
ſie doppelt nehmen). Auf den Rüken der

Wor-

Worte lege ich zwey Metallbleche, dergestallt
daß die Enden der Bleche auf die Enden der
Worte aufliegen. Ich befestige alles mit Plätchen von Glase oder Holze. Ich bringe es
in die Uebergangslinie. Ich entlade etliche von
den grösten Flaschen, die gut geladen sind.

Erscheinungen: Nach abnehmung der Plätchen von Glase oder Holze finde ich 1) das
schwarzgedrukte Wort auf dem Stükchen Leinewand mit blasser Farbe, jedoch zierlich abgedrukt mit verkehrten Buchstaben. 2) Von
dem roth gedrukten Worte aber ist nichts, oder
etwas kaum merkliches, auf die Leinewand abgedrukt. 3) Der Rücken von beyden Worten
ist durch die Gewaltsamkeit der Flamme zerrissen. 4) Wenn ich, gleich nach der Explosion, das Maschinchen berieche: so empfinde ich
einen widerwärtigen Geruch.

Die Folgerung ist klar.

Satz: Die Elektricität drukt eine gedrukte
Schrift ab, wie der Donnerstrahl thut.

127 Wenn ich mich nicht gar sehr betrüge;
so setzt dieser Versuch die erstaunliche Wirkung

L 3　　　des

des Donnerstrahles in ein unendlich helleres
Licht, als hundert Folgerungen', die P. L'A-
my aus der cartesianischen Philosophie, herge-
holt hat.   Auch zeigt der widerwärtige Geruch offenbar, daß die Vermischung, woraus
die Druckerfarbe bestehet, in eine gröfere Flüßigkeit aufgelöset, und angebrannt worden sey.
Wenn jemand auf dasjenige, was bey den
Wirkungen des Donnerstrahles ist angemerkt
worden, fleißig Achtung giebt: so wird er leicht
einsehen, auf was für einem Wege ich zu die-
fer Nachahmung bin geführet worden.

Geschichte.

128, Den 3 August dieses Jahres 1762 schlng
der Blitz, wie ich oben S. 122. gesagt habe,
in der Wiener-Vorstadt ein.   Er schmelzte
nicht nur Eisen und Bley: sondern er theilte
auch allem Eisen, als nemlich Nägeln; zwee-
nen Kloben, woran eine hölzerne Thüre hieng;
ein eisernes Stäbchen, das die Fensterscheiben
mit dem angegossenen Bley verband; die magnetische Kraft dergestallt mit, daß sie sowohl
anderes Eisen an sich zogen, als auch den einen Pol eines Magnets von sich trieben den andern

dern anzogen. Ich habe die Sache genau untersucht, und ich besitze das meiste magnetische Eisenwerk.

Versuch.

Zurüstung: Ich nehme eine der kleinsten stählernen Nadeln, und lege sie in die Uebergangslinie; (gegen die mittägliche Gegend ist es am besten). Ich entlade eine große Flasche, oder mehrere zugleich.

Erscheinungen: 1) Wenn die Nadel aus der Uebergangslinie genommen, und auf die Fläche eines Wassers ganz sachte gelegt wird, daß sie schwimmt: so drehet sie sich sogleich mit dem einen Ende gegen Mitternacht, mit dem andern gegen Mittag. Wird sie aus dieser Stellung geschoben, oder in die verkehrte Lage gebracht: so kehrt sie in die erstere Lage zurück. 2) Wird die Spize unter ein Mikroscop gebracht: so sieht man sie, auch bey einer mittelmäßigen Explosion, öfters geschmolzen; bey einer gewaltsamern Explosion aber allezeit.

Die Folgerung ist klar.

Satz:

Satz: Die Elektricität und der Blitz geben dem Eisen die magnetische Kraft, nach einem gleichen Gesetze.

129. Franklin ist auch von diesem Versuche der Uhrheber. Er hat ihn aber erfunden bey Gelegenheit eines Schiffes, das auf der Rück= reise aus Amerika nach Engeland von einem Ungewitter überfallen, und von einem Donner= strahle getroffen worden: welcher alle See= Compaße, deren viere, und alle vorher gut, waren, dergestalt umkehrete, daß das Ende, das vorher Norden anzeigte, nachher nach Sü= den stund. Viele Eisendräthe, denen vorher nicht Magnetisches mitgetheilt war, gaben nach= her die Zeichen einer magnetischen Kraft auf al= le Arten von sich. Einige Nachricht von diesem Ungewitter hat Franklin selber gegeben; eine vollständigere Beschreibung aber lieset man in den Philosophical Transactions, vom Jahre 1749. Franklin hat auch noch einen andern Versuch erdacht, womit er die Pole der Mag= netnadeln umkehrt, eben so wie der Blitz ge= than hatte. Herr Dalibard in Paris hat die= sen Versuch wiederholt. Auch ich verkehre die Pole der Magnetnadel, so oft ich nur will, und die Luft der Elektricität günstig ist.

130. Die=

130 Dieses wirft ein grosses Licht auf die Uebereinstimmung beyder Kräfte, der elektrischen und der magnetischen. Viele dergleichen Geschichten sind von den Gelehrten bekannt gemacht worden. Die königliche Societät in London erzählt in den phylosophischen Transaktionen Nr. 437. von vielen eisernen Instrumenten, die in einem Kästchen verschlossen waren, und durch einen einschlagenden Blitz magnetisch wurden. Eben dieselbe berichtet Nr. 459. von einer Feile eines Uhrmachers, die der Donnerstrahl gespalten, und mit der magnetischen Kraft begabet hatte. Die Akademie zu Petersburg versichert, nach Herrn Krafts Beobachtung, daß der Compaß während einem Ungewitter um 15 weniger declinirt hätte als gewöhnlich. (*Nov. Comment. Acad. Petrop. T.* 1.) Beccaria handelt weitläsig von eisernen Flechten durch welche der Donnerstrahl durchgefahren, und sie magnetisch gemacht hatte. (*Elettricismo Atmosferico.* p. 262.) Diese Sache bewog den Herrn Aepinus, daß er die Erscheinungen des Magnets und der Elektricität fleissig mit einander verglich; und daraus entstund jene Rede, die ich oben S. 75. gelobt habe. Mir scheint diese

L 5   Sa-

Sache von so grosser Wichtigkeit zu seyn, daß
ich der Meinung bin, daß alle Naturforscher
ihren vereinigten Fleiß hierauf wenden, und
einander dazu ermuntern sollten.

131. Nunmehro werde ich weiter von solchen
Dingen sprechen, die zwar von den Donnerstrahlen unterschieden seyn; die aber mit der
Luftelektricität auf das engeste scheinen verknüpft
zu seyn. Erstlich aber werde ich reden von
dem Aufsteigen, von dem Schweben, und von
dem Herabsteigen, der Dünste in der Luft.
Ich muß aber die Hypothesen der Philosophen,
die sie wegen der Schwierigkeit der Sachen
immer anders erdacht haben, übergehen, *)
damit ich nicht zu weitläuffig werde.

Die meisten der Scharfsichtigern haben eine
zurückstossende Kraft angenommen welche die
Dünste in die Höhe triebe; weil sie durch oft
wiederholte Versuche erfuhren, daß die Dünste
auch in dem luftleeren Raume einer Luftpumpe aus dem Wasser in die Höhe gehoben würden.

*) Hamburg. Magaz. B. 1. S. 146. u. f. Eine Ge-
schichte der Dünste hat auch Elvius, von der
schwedischen Akademie, verfertigt, schweb. Abhandl. B. X. S. 1 — 10.

den. Jedoch sind nicht alle eben der Meynung gewesen. Desaguliers, nachdem er die
Schwierigkeiten der übrigen Meinungen, die
von den meisten gutgeheissen wurden, angeführt
hatte, erklärt seinen Satz folgendermassen:
„ Wenn die Luft feuchte Dünste an sich ziehet,
„ deren Theilchen sich an die Theilchen der Luft
„ anhängen: so verliert sie ihre Elasticität nur
„ zum Theil; und zuletzt macht sie sich von
„ diesen wässerigen Theilchen selber los, indem
„ sie solche zurückstößt nachdem sie sie angezogen
„ hatte. Alsdann ziehen sie sich, eines das
„ andere zurück, indem sie, so zu sagen, ihre
„ abstoffende Kraft von der Luft empfangen
„ haben. Diese Eigenschaft der Luft ist es die
„ ich ihre Elektricität nenne. „ *Dissertation
sur la cause de l' Elévation des vapeurs.* *)
Desaguliers geschrieben worden, noch ehe die
Luftelektricität durch einen Versuch bewiesen
war. Eben das hat Henrich Elees aus der
nämlichen Ursache hergeleitet. *Philos. Transact.*
Vol. 49.) Beyde aber bedienten sich im übrigen des folgenden Versuchs:

Ver=

*) Sie ist dem zweyten Theile seiner Experimentalphysik
der Leidenschen Edition, S. 357. eingerückt.

ı Verſuch.

132. **Zurüſtung :** Ich nehme eine gläſerne Röhre, die (wenigſtens 3 Fuß) lang, und glatt iſt. Ich elektreſire ſie durch Reiben mit der Hand. —— Die elektriſirte Röhre halte ich über eine leichte Pflaumfeder.

Erſcheinungen : 1) Die elektriſirte Röhre reißt die Pflaumfeder aufs begierigſte an ſich. 2) Wenn ich die Pflaumfeder von der Röhre wieder abſchüttle: ſo wird die Pflaumfeder von der Röhre ziemlich lange Zeit (ſolang nämlich ihre Elektricität, bey trockener Luft, dauert) zurückgeſtoſſen. 3) Bey feuchter Luft aber reißt die Röhre beſtändig die Pflaumfeder an ſich. 4) Wenn die Röhre die Pflaumfeder zurückſtößt; ſo iſt es jener leicht, dieſe überal hin und her zu treiben, aufwärts und abwärts; ja ſie gleichſam unbeweglich in der Luft ſchwe- ben zu machen. 5) Wenn jemand der in der Luft hängenden Pflaumfeder einen Finger aus dem feſten Lande entgegen hält: ſo fährt ſie mit groſſem Beſtreben auf ihn zu.

Folgerung : Ich nehme für einen phyſika- liſchen Lehrſatz an: Wenn Dinge von glei-

cher

cher Natur sind: können sie bey Erklärung
der Natur eines für das andere geseßt wer=
den. Für die elektrisirte Röhre seße ich also
die elektrisirte Luft; und an die Stelle der
Pflaumfeder seße ich ein Theilchen Wassers,
das in Dünste aufgelöset ist. Demnach, da
die Luft durch eine beynahe immerwährende
Elektricität mit der Erde abwechselt (§. 112.):
so ziehet sie von der Oberfläche der Gewässer
des Erdbodens die Theilchen der Dünste an
sich (Ersch. 1.). Insoferne nun die gleichwich=
tige Dichtigkeit des elektrischen Flüssigen zwi=
schen der Luft und dem Erdboden nicht herge=
stellt wird: so stößt die Luft die angezogenen
Dünste wieder ab (Ersch. 2.). Daher stossen
sich auch die Dünsttheilchen selbst, eines das
andre, ab, weil sie nun gemeinschaftlich elek=
trisch sind (S. 31.). Und sie hängen sich nicht
wieder zusammen, ausser wenn die Elektricität
zerstört ist (Ersch. 3.). Insoferne aber die
Elektricität der Luft nicht zerstört wird: so
können die Dünsttheilchen überal hin und her
getrieben, oder unbeweglich in die Luft aufge=
hängt werden, je nach dem die übrigen Be=
schaffenheiten der Luft es mit sich bringen
(Ersch. 4.). Die Dünsttheilchen müssen aber
end=

endlich herunterfallen, wenn die Luft und der
Erdboden in einen gleichen Zustand der Verdichtung des elektrischen Flüßigen gebracht werden (Ersch. 5.)

Satz: Die Elektricität hebet die Dünste
in die Luft empor, hänget sie in der Luft
auf, und macht sie aus der Luft auf den Erdboden wieder herabregnen.

133. Aus diesem ist leicht zu erkennen, was
für einen Ursprung die Wolken, was für einen
die Nebel, was für eine Ursache der Regen,
der Schnee, der Hagel, haben. Von dem
Thau werde ich überdies unten etwas sagen.
Daher sind die häuffigen Donnerstrahle nirgends als in den Wolken; und je grösser,
und dichter die Wolken sind: desto mehr elektrisches Feuer schicken sie auf die Erde herab.
Daher elektrisiren die vorüberziehenden Wolken,
wenn es auch keine Gewitterwolken sind, eine
eiserne Stange, die aus der Insel hoch in die
Luft empor ragt. Auch bey heiterem Himmel
(an welchem die Dünste überal verbreitet
sind, wie ich unten zeigen werde) mangelt die
Elektricität niemals (S. 112.) Daher tobt auch
die Elektricität der Luft am meisten an den

heis-

heissen Sommertagen, da am meisten Dünste aus der Erde aufsteigen. Daher kommen die wechselsweisen Hin = und Herzüge der Wolken selbst, als elektrisirter Körper. Daher auch so viele und so schwere Platzregen, so starke Hagel bey den Ungewittern!

134. Da diese Sache in der Naturkunde von ungemein grosser Wichtigkeit mit Rechte erkannt wird: so werde ich alles dieses noch aus einer andern, von der vorigen unabhängigen, Ursache erweisen. Herr Nollet hat sowohl die Transpiration der Thiere, als auch die Ausdünstung der flüßigen Dinge, durch die Electricität erforschet. Beydes hat er, auf eine zierliche Art weiter getrieben in seinen *Recherches sur l'Electricité Discours IV. V.* Einiges davon hat er auch an die königliche Societät in Londen überschrieben (Transact. Philos. N. 486. *). Es ist aber von ihm folgendes von den Dünsten gefunden worden: „ Es „ scheint aus allen diesen Erfahrungen, daß die „ Elektricität die natürliche Ausdünstung der Flü„ ßigkeiten vermehrt, weil, außer dem Quekßil„ ber

*) Part. of a Letter from Abbé *Nollet* ———·to *Martin Folkes* Esqui: President of the Royal Society; pag. 187.

„ ber, welches allzuschwer ist, und dem Baum-
„ öle, dessen Theile allzuviele Zähigkeit haben,
„ alle andre, mit welchen Versuche sind ge-
„ macht worden, einen Verlust erlitten haben,
„ den man keiner andern Ursache als der Elek-
„ tricität zuschreiben kann. (S. 317.)„ Ich
schließe demnach so: das elektrisirte Wasser,
wenn es nemlich in dem Zustande einer größern oder geringern Verdichtung des elektrischen
Flüßigen sich befindet als die Luft, schikt mehr
Dünste, als gewöhnlich, in die Luft; und seine Elektricität ist die Ursache davon (nach Nollets Versuchen). Das Wasser schikt aber allemal Dünste in die Luft (nach der Erfahrung);
und die Luft streitet mit der Erde und mit
allen Wassern der Erde durch eine beynahe immerwährende und entgegengesetzte Elektricität
(S. 112.). Demnach ist die unaufhörliche
Elektricität die Ursache der in die Luft gehobenen Dünste. Das Herabsteigen der Dünste durch
die Elektricität folgt aus S. 113; und der ganze Versuch der Abstoßung beweiset das Schweben der Dünste in der Luft.

135. Es steigen aber die Dünste durch den
Unterschied zwischen der Kraft der Schwere
und der elektrischen Kraft; sie werden in der
Luft

Luft aufgehängt, durch das Gleichgewicht von
beyden Kräften; und sie steigen herunter durch
die Summe von beyden.

Versuch.

136. Zurüstung: Ich nehme etliche feine
Zwirnfaden, 3 oder 4 Zoll lang. An das eine
Ende eines jeden hänge ich ein vergoldetes
Wachskügelchen, jedes so schwer als das andre. Die andern Enden der Faden binde ich
alle zusammen, und knüpfe sie an die Kette,
die auf der Insel liegt. Ich elektrisire

Erscheinungen: 1) Wenn die Kette elektrisirt ist: so dehnen sich die Fäden aus einander; und das desto mehr, je mehr die Elektricität zunimmt. 2) Alle Fäden rund herum
dehnen sich gleich weit voneinander; und sie
erhalten sich in diesen gleich großen Entfernungen von einander, indem sie beständig nur
einen Mittelpunkt einnehmen; so daß sie die
Gestalt eines regulären Vielekes nicht unange-
nehm vorstellen.

Folgerung: Das Kügelchen, das einem jeden Zwirnfaden angehängt ist, sey ein Theilchen eines wässerigen Dunstens, das durch die

M   Elek-

Elektricität (§. 132. 134.) in die Höhe gehoben wird: so werden die Theilchen der Dünste eines vom andern sich entfernen und das
desto mehr, je größer und je stärker, die Elektricität in der Luft angewachsen ist (Ersch. 1.)
Aber sie werden überall gleichweit sich von einander entfernen, und die Figur eines regelmä-
ßigen Vielekes ausmachen (Ersch. 2.); und
dieses so, daß man durch die ganze Atmosphäre
dieselben auch in dem kleinsten Systeme in einem Puncte verbunden siehet, (nach ders. Ersch.)
Nun aber wird um kein reguläres Vielek ein
anders, ihm ähnliches reguläres Vielek um-
schrieben, als um das Sechsek, dessen Winkel am Mittelpunkte = 60° (nach der Geometrie). Ferner haben die ordentlichsten und
schönsten vielekichten Figuren der Schneeflocken
beständig einen Winkel am Mittelpunkte von
60 Graden (nach den Beobachtungen); und
die Atmosphäre ist, wenn Schnee fällt, wie
zu andrer Zeit auch, elektrisch.

Satz: Folglich scheinen die sechsekichten Figuren der Schneeflocken von der Elektricität
herzukommen.

137. Ein Jeder, der nur bey einer so grosssen vermeynten Verwirrung von Körperchen, die in der Luft herum zerstreut sind, seine Augen auf die netten und völlig geometrischen Bildungen der Schneefloken wendet, der muß vor Verwunderung ganz erstaunen. Die Naturforscher verwundern sich zwar weniger darüber; aber die Erklärung wird ihnen überaus schwer. Niemals ist hierüber etwas mit einiger Wahrscheinlichkeit gesagt worden; die Elektricität übertrift vielleich die Wahrscheinlichkeit. Beccaria hat die Sache weitläufig mit Gründen ausgeführt (in seinem Elettricismo atmosferico, Lett. XV. Prop. XXXII.), und zwar so nachdrüklich als zierlich; so daß, da ich nicht alles abschreiben kann, ich lieber nichts daraus anführen mag, damit ich nicht etwan dem Nachdruk etwas benehme, wenn ich wohl verbundene Sätze zerreiße.

138. Ein andrer Weg aber hat mich auf diese Sachen, und von diesen Sachen auf andre ihnen ähnliche, geführt. Der berühmte Herr von Mairan hat vorlängst einiges von dem Ursprunge und der Natur der Rosen und Blumen von Eise, die durch die scharfe Kälte des Winters an den Glasfenstern entstehen,

M 2 vor-

vortreflich abgehandelt in der Differtation die
er vom Eife herausgegeben hat. *) Zu Paris ist die Erscheinung seltener, wie aus Herrn
Mairans Abhandlung erhellet; bey uns desto
häufiger.　Ich war demnach, zween Winter
durch, ein fleißiger Beobachter der mit Eise
bedekten Fenster.　Oft hat der nemliche Tag,
bey der so großen Menge der Fenster der savoyischen Akademie und ihrer Bewohner, viele Schauspiele dargestellt.　Außer anderm habe ich gefunden, daß, wenn die Dünste eines
Zimmers nach einem gewissen Gesetze vermindert waren jene manigfaltig geblätterte große
Blumen, die meistentheils auf einem einzigen
Schweife ruhen, und in einen Bogen ge-
krümmt sind, niemals hervorgebracht werden:
sondern nur feine Fasern an deren Seiten andre, als Blätter, auf das netteste anliegen,
und welche Fasern meistentheils mit Parallel-
Linien unter sich ausgeziert sind, oft auch ziemlich angenehme Rosen vorstellen, einige dreye-
kicht, andre fünfeckicht, auch sechsekicht, deren Halbmesser gleichsam im Mittelpunkte zu-
sammenkommen, obgleich die Figuren selbst

weni-

*) Dieselbe ist auch ins Deutsche übersetzt und heraus-
gegeben worden 1752 in 8vo.

weniger regulär sind. Ich habe auch bemerkt,
das sowohl jene größern als diese kleinern Eis-
Rosen nur in der Mitten der Glasscheiben
aufblühen; niemals an den Rändern, an welchen die eingefaßte Glastafel entweder Holz oder
Metall berührt. Die Dünste, ehe sie gefrieren beobachten auf dem Glase eben das Gesetz, und
sie hängen sich beständig bey einer gleichen Verdichtung an das Glas an. Diese und andre Sachen,
die die Elektricität sehr stark zu verrathen scheinen,
haben mich bewogen, die Schneefiguren weit zier-
licher und einleuchtender aus derselben herzuleiten.

139. Ich bin aber, von der Schönheit der
Erscheinung gereizt, noch weiter gegangen. Ich
habe Beobachtungen und Versuche über jedes
Eiß angestellt. Ich fand, was ich nicht erwartet hatte, auf offenen Feldern, auf Wegen und Kreutzstraßen, Rosen von Eise, die
noch weit schöner waren, als die Rosen der
Fenster, und die der geometrischen Eigenschaft
der Rosen der Schneefloken nichts im geringsten nachgaben. Ich habe sie aber allerdings nur
nach einem gewissen Gesetze, der Gefrierung gefunden aber nach einem so gewissen Gesetze daß mich die
Hoffnung selten betrog, wenn ich aus dem Hause
gieng. Die Rosen waren alle sechsekicht; und

die

die Halbmesser der Rosen hatten Aeste an sich genommen, die ebenfalls alle den Winkel vom Sechsek hatten. Mehr als hundertmal habe ich dieses mit einem Zirkel untersucht, den ich zu dem Endzwek auf die Felder mitgenommen hatte: und beständig habe ich den Winkel der Halbmesser 60 Grade groß gefunden. Nun erst glaubte ich, daß ich die Arbeit nicht aufgeben, sondern vielmehr weiter treiben müßte. Ich versuchte, ob ich auch zu Hause ein sechsekichtes Eis hervorbringen möchte. Und zwar hatte ich, hier Brunnenwasser, dort Salzwasser noch an einem andern Orte Urin, u. d. g. einer sehr scharfen Kälte ausgesetzt. Anfänglich brachte ich nichts heraus. Ich machte einige Aenderungen. Nun erst fieng ein Wasser, worin ich eine Menge Salmiak aufgelöset hatte, an zu gefrieren, und zeigte einige überaus glänzende Sternchen. Aber sie verschwanden bald darauf. Der Urin übertraf alle Hoffnung. Er zeigte sowohl sechsekichte Sterne vollkommen nach der Geometrie ausgearbeitet; als auch, Blumen die den Blumen der Fenster vollkommen ähnlich waren: Blumen, sage ich, deren einige im Durchmesser 3 bis 4 Zoll hatten, wie jene Eis = Rosen des

Fel-

Feldes gewesen waren. Endlich aber brachte
auch das Brunnenwasser eben das hervor.
Mit diesem ist es mir nachhero so leichte gelun-
gen, daß ich wetten wollte, daß ich selten einer scharfen Kälte Brunnenwasser aussetzen
würde, ohne daß es nicht Sternchen von Eise
zeigen müßte. — Aber ich verfolgte diese Feld-
Geometrie des Winters noch weiter. Ich ent-
dekte an dem Eise Pyramiden, die ebenfalls
sechsekicht, und hohl waren, mit den Spizen
auf dem Eise aufsaßen, und mit der Grundfläche sich in die Luft ausbreiteten. Ich meynte
anfänglich, ich hätte Zellchen gefunden die den
Zellchen der Bienen vollkommen ähnlich waren; als ich sie aber genauer untersuchte: so
fand ich, daß es Pyramiden waren. Löwen-
hock hat ehemals in den Kristallen der Salze
etwas ähnliches gefunden. Aber, wer sollte
es glauben? Auch in den Schneefloken meyne
ich die Figur einer Pyramide gefunden zu haben. Aber zu einer andern Zeit, wenn Gott
will, hievon ein mehrers!

140. Aber wohin gerathe ich endlich? Laßt
uns auf den vorigen Pfad zurückkehren. — Die
geometrische Gestalt der Schneefloken kömmt
von der Elektricität (S. 136.). Eben dieselbe

Gestalt

Gestalt zeigt auch alles Eis der Erde, wenn man es behörig beobachtet, (S. 139.). Demnach scheint die Elektricität auch in alles irdische Eis zu wirken; und mit aller Kälte scheint eine Elektricität verknüpft zu seyn. Dieser Umstand eröffnet dem Verstande ein sehr weites Feld, sich damit einzulassen, und die Wege durch alle Erscheinungen der Wärme und Kälte durchzulaufen. Jedoch aber wollte ich nicht daß Jemand dieses für mehr als eine Muthmaßung von mir wollte gelten lassen.

141. Obgleich erwiesen worden ist, daß die Regen mit der Elektricität uns zugeführt werden (S. 113.); und daß auch die Dünste in Begleitung derselben heruntersteigen (S. 132. 134.); so war ich doch, in Ansehung der Dünste, begierig zu sehen, ob sie im Heruntersteigen auch mit den übrigen Erscheinungen der Elektricität übereinkommen. Ich war der Meynung, ich würde die ganze Sache am besten sehen, wenn ich die Dünste selber sehen könnte. Ich urtheilte aber, daß ich die Dünste würde sehen können, wenn ich sie zu Eis gefroren betrachtete. Ich betrachtete demnach den Reif, das ist, eine zusammenhäufung gefrorner Dünste. Ich sah, daß die Reifen in einer größern

Men-

Menge beständig sich an zugespitzte Körper an-
hängten; Eiserne Stangen, die in eine Spitze
sich endigen; hölzerne Pfähle; höckerichtes Eis;
schollichte Erde u. d. g. haben allemal mehr
Reif angezogen, als irgend andres Eisen,
Holz, glattes Eis, planirte Erde u. d. g., ob
sie wohl in eben der Lage und eben der Luft
ausgesetzt waren. — Hernach ziehen diejenigen Körper, die entweder die Elektricität leicht
fortpflanzen, oder aber durch Reiben elektrisirt werden, mehr Reif an sich, als die welche schwerer elektrisch werden. Also werden
grüne Pflanzen durchgehends weiß von Reif;
trokenes Holz und Stroh aber weniger. Auch
das Eisenwerk wird mehr weiß, als Steine
oder Holz. Seidene Fäden haben in dergleichen Luft mir mehr Reif gezeigt, als eine ku-
pferne Kugel.

142. Nun werde ich auch die Beobachtungen von andern mit diesen vergleichen. In
den philosophischen Transactionen N. 464.
findet sich eine Erzählung von Beobachtungen
über den fallenden Thau, die zu Middelburg
in Seeland sind gemacht worden von Herrn
Leonhard Stocke, Med. D. auf dem offenen
mit Bley bedeckten, platten Dache des astro-

nomischen Thurmes des Herrn Johann Munk,
in der Nacht zwischen dem 25 und 26 Julius
1741. N. St. „ Den 25. Julius, zur Zeit
„ als die Beobachtungen von 10 bis 1 Uhr in
„ der Nacht gemacht wurden, war die Höhe
„ des Barometers 29 Zoll und 2 Linien, und
„ des Thermometers ohngefähr 60 Grade; es
„ war beynahe windstill, und der Himmel war
„ heiter.

„ Auf Glas von verschiedener Gattung fiel
„ vieler Thau, so daß es ganz naß wurde.

„ Auf pollirtes Kupfer nur wenig, und
„ nichts als ein zarter Dunst.

„ Auf rohes und rauhes Kupfer, ein wenig
„ mehr.

„ Auf verzientes Eisenblech wenig.

„ Auf blaulichtes Eisen viel.

„ Auf rauhes Eisen sehr viel.

„ Auf glattes Eisen fast nichts.

„ Auf rostiges Eisen nichts.

„ Auf reines Quecksilber nichts.

„ Auf glattes Zinn nichts.

„ Auf rauhes Bley viel.

„ Auf geglättetes Bley wenig.

„ Auf

„ Auf weißes Silber nichts.

„ Auf poliertes Silber nichts.

„ Auf vergoldetes Silber nichts.

„ Auf blaues Porcellan viel.

„ Auf Schieferstein viel.

„ Auf ein Körbchen, von spannischem Rohre
„ fein geflochten, mäßig.

„ Auf weißes, glattes Eichenholz überaus
„ viel.

„ Auf dergleichen schwarzes Holz viel weniger.

„ Glatt gehobeltes Tannenholz war nur
„ feucht.

„ Weißes Tannenholz hatte etwas wenig
„ Thau.

„ Alle Gattungen von Papier wurden feucht.

„ Wenn jene Körper, welche viel Thau an-
„ nahmen, etwas höher in der Weite von 2
„ oder 3 Zoll, über einen schon bethauten Ort
„ gesetzt wurden: so wurde dieser Ort auf der
„ bleyernen Fläche des Thurmes wieder trocken
„ und die Körper selbst wurden sowohl oben
„ als unten naß. Jedoch das Zinn und das
Sil-

„ Silber, wenn sie in eben die Lage gesetzt
„ wurden, blieben trocken, obgleich der vorher
„ bethaute Ort selbst auftrocknete. „

143. Der berühmte Muschenbroek, der fleis=
siger als Jemand, soviel ich weis, den Thau
untersucht hat, ob er gleich in der Erklärung
desselben von unserm Systeme ganz und gar
abgehet *), hat Beobachtungen angestellt, die
gleichwol fast alle besser mit unserm Systeme
harmonieren, als mit dem seinigen. Es gehet
nicht an, daß ich alle anführe; an folgenden
mag es genug seyn: „ Es fällt viel Thau
„ auf moscowitisches Glas; auf die Teller
„ von Porcellan, und nicht nur auf die Rän=
„ der derselben, sondern auch in die Mitten,
„ und auf die ganze Oberfläche.   Der Thau
„ fällt auch auf die Tafeln von Schieferstein
„ auf die Kühhörner, auf das rohe Eisen,
„ auf das verrostete Eisen, auf weiß Eisen=
„ blech auf aschengrau angestrichenes Eisen,
„ und auf geschmelztes Bley, das nicht polirt
                                      „ wor=

*) Als Muschenbroek seine Beobachtungen nicht
   allein sammelte, sondern auch die Ursachen aus den
   Beobachtungen angab: so war dasjenige noch nicht
   erfunden, was heut zu Tage von der Elektricität be=
   kandt ist.

„ worden ist. Viel weniger Thau fällt auf
„ schwarz angestrichenes Eisen, auf rohes Ku-
„ pfer und auf angestrichenes Bley. Gar kein
„ Thau fällt, weder auf einen Teller von
„ Golde, noch auf einen vergoldeten Teller
„ von Silber, noch auf Quekſilber, noch auf
„ weiß geſottenes oder polirtes Silber, noch
„ auf polirtes Kupfer, noch auf unpolirten
„ Meſſing, noch auf polirtes Eiſen, noch auf
„ polirtes Bley, noch auf polirtes Zinn. Kaum
„ daß auf Marcaſit etwas Thau fällt. ——
„ Auch fällt viel Thau auf alle Gattungen
„ Seidenzeug, von was für Farbe ſie ſeyn
„ mögen, auf Sammet; auf alle Gattungen
„ wollene Zeuge, als Tücher, Flanel, Fries
„ (Bayette); auf Cattun = Leinewand, und
„ leinen Zeug, gedrukt, oder ungedrukt; auf
„ alle Gattungen von Leder; auf Pergament;
„ auf weißes oder graues Papier. „ (Eſſai de
Phyſique, Tom. II. p. 768.)

144. Dieſe Beobachtungen ſtimmen demnach
ſowohl unter ſich, als auch mit den unſrigen,
gar ſehr überein; nur muß man jene zwey
Hauptſtüke der Beobachtungen, welche wir (S.
141.) angeführet haben, gehörig mit einander
zuſammenhalten.

145.

145. Ich werde demnach weiter fortgehen, wohin diese Beobachtungen mich führen werden. Erstlich aber folget aus denselben, nach meiner Meynung, daß in den gebirgigen Strichen der Erde weit mehr Dünste, Regen, Schnee, herabfallen, als auf dem flachen Lande. Denn die gebirgigen Striche der Erde haben in der Atmosphäre eben die Kraft, als wie Flächen die sich in Spitzen endigen; und je höher jene in die Atmosphäre hinauf ragen; oder je mehr sie mit Körpern bedekt sind, die die Elektricität leicht annehmen: desto mehrere Kräfte besizen sie auch. Daher kömmt es, daß so viele, so große und oft so schnelle reißende Ströhme im Sommer aus den gebirgigen Gegenden in die Ebenen sich ergießen. *) Daher kommt die so große Menge von Schnee

im

*) Als ich im Jahre 1757. eine Reise durch das Tyrol machte: so sah ich den vorher höchstfruchtbahren und im blühendesten Zustande gewesene Strich Landes an der Aetsch, nachdem die Flüsse durch einen plötzlichen Platzregen, den ein heftiges Ungewitter ausgegossen hatte, überall ausgetreten waren, so zerstört, in Sande und Steinen begraben, daß der Landtmann weder seinen Aker, noch seine Wiese noch seinen Weinberg erkennen konnte. Ja auch jetzt haben wir von dorten Nachricht erhalten von einer um sich wütenden austrettung der Inn.

im Winter, sowohl auf den höchsten Gebirgen
als in den tiefesten Thälern. Daher nehmen
die Gewitterwolken selbst ihren Lauf nach den
Höhen der Berge, und ergießen auf dieselben
mit dem elektrischen Feuer (§. 120.) ihre Gewässer. Daher schmiegen sich die Nebel der
Wolken zuweilen an die Mitte der Berge an;
öfters aber an die Scheiteln derselben. Ist
nicht den meisten von uns der Kalenberg (Cæ-
tius mons) als ein Kennzeichen und als ein
Vorbothe eines künftigen Ungewitters bekandt?
Ist nicht auch der nachbarliche Berg, den
wir den Schneeberg nennen, eben ein solcher
Vorbothe für die südlichen Bewohner Oester-
reichs? Aber das sind Kleinigkeiten. Vortrefflicher ist das Exempel, das man von dem
Vorgebirge der guten Hoffnung aufgezeich-
net hat; welches würdig wäre, erzehlt zu werden, wenn es nicht Jedermann schon bekandt
wäre. Von den Gebirgen in Lappland lieset
man bey Scheffern (S. Ioann. Schefferi, ar-
gentoratensis, Lapponia, 1674. p. 377.): Es
gebe da ungemeine Alpen, welche die Häupter
in den Himmel zu erheben schienen, —— daß
sie den meisten, wenn man sie von ferne ansie-
het, in der Gestalt einer Wolke vorkommen. ——

Die

Die Spitzen dieser Gebirge, die entsetzlich hoch
sind, sind beständig im Sommer wie im Winter mit Schnee bedekt. —— Und daher also:
wenn irgend eine Gegend mit Wassern, Brunquellen, Flüßen und Seen angefüllt und ge-
wässert ist: so ist es Lappland (S. eben das.
S. 372.). —— Was aber von den Gebirgen
des mittäglichen Amerika erzehlt wird, ist allem
andern vorzuziehen.   Durch dasselbe erstreken
sich die Anden, welche von der östlichen Seite
nach dem Ocean zu liegen, und alle aus dem
höchst weiten großen Weltmeere aufwärts ge-
stiegene Dünste mit so großer Macht an sich
reißen, daß sie fast unaufhörlich naß sind. Buffon redet hieron ausdrüklich: „ Peru, wel-
„ ches unter der Linie liegt, und sich unge-
„ fähr 1000. französische Meilen gegen Mit-
„ tag erstreket, ist in drey lange und schmale
„ Theile getheilt, die von den Einwohnern in
„ Peru Lanos, Sierras und Andes genen-
„ net werden. Die Lanos, welches die Ebe-
„ nen sind, erstreken sich längst der Seeküste ge-
„ gen Süden. Die Sierras sind Hügel mit
„ etlichen Thälern; und die Andes sind die be-
„ rufenen cordillerischen Gebirge, welche, so-
„ viel man weiß, unter allen die höchsten sind.

Die

„ Die Lanos ſind ungefähr 10 franzöſiſche
„ Meilen breit. Die Sierras ſind an man-
„ chen Orten 20 franzöſiſche Meilen breit ;
„ gleichwie auch die Andes an einigen Stellen
„ mehr, an andern weniger. Und die Breite
„ erſtrekt ſich von Weſten nach Oſten; die
„ Länge aber von Norden nach Süden. Die-
„ ſer Theil der Erde hat folgendes Merkwür-
„ diges an ſich: erſtlich wehet in den Lanos
„ längſt den Seeküſten, ein beſtändiger Süd-
„ weſtwind: welches demjenigen, was in dem
„ heißen Erdſtriche geſchiehet, ganz zuwider iſt.
„ Zweytens regnet und donnert es niemals
„ in den Lanos, obgleich bisweilen ein wenig
„ Thau fällt. Drittens regnet es in den An-
„ des faſt allezeit. Viertens regnet es in den
„ Sierras, welche zwiſchen den Lanos und
„ Andes liegen, vom September bis in den
„ Aprilmonat. „ (Geſchichte der Natur B.
1. S. 173.).

Satz : Diejenigen ſind in einem Irrthume,
die aus den angeſtellten Ausmeſſungen der
Menge des Regens und Schnees auf dem flachen Lande behaupten wollen, daß nur eben
ſoviel Regen und Schnee auch auf den Gebirgen falle.

146. Ich falle nun, obgleich ungerne, nach Anleitung der Ordnung meiner Materie, auf die sehr in Bewegung gebrachte Frage von dem Ursprunge der Brunquellen und der Flüße. Bevor ich aber diese Frage vornehme, muß ich drey Worte vorausschiken von der ungemeinen Menge der Dünste in jedem Zustande der Luft. Wer zweifelt wohl an einer solchen Menge der Dünste, wenn durch Regen und bey feuchtem Himmel, oder durch Nebel, der Tag verdunkelt wird? Aber bey heiterm Himmel verschwinden alle Dünste vor unsern Augen? Es ist wahr. Wird aber nicht, wenn ein etwas kühler Abend einfällt, sogleich alles feucht? Aber mit täglichen Erfahrungen mag ich nichts zu thun haben. De la Hire bestimmt die Sache durch einen besondern Versuch: „Ich setzte ein irdenes Gefäß in einen „ der kleinen Keller in der weiten Tiefe der „ Sternwarte, und ich hängte auf den Rand „ des Gefäßes ein Stückchen Leinewand die „ ich in ein wenig Wasser getaucht hatte, „ worin ich Weinstein = Salz hatte zergehen „ lassen. Ich wählte dieses Salz, weil ich „ glaubte, daß es geschickter, als jedes andre „ wäre, die Dünste zu fixiren. Einige Zeit „ her-

„ hernach fand ich auf dem Grunde des Ge-
„ fäßes eine ziemlich ansehnliche Menge von
„ einer flüßigen Materie, die nichts anders als
„ das Waſſer des Dunſtes der Luft, welcher
„ ſich an die Leinewand angehängt hatte; und
„ als es davon voll wurde; ſo floß das Uebri-
„ ge, das beſtändig zunahm, längſt an den
„ Seiten des Gefäßes herunter. „ (Mem. de
l' Acad. des Scienc. 1703. p. 64.). Sehr
merkwürdig iſt auch, was dem Herrn Halley
auf der Inſel St. Helena auf den höchſten
Gebirgen widerfuhr, als er die aſtronomiſchen
Beobachtungen abwartete; und was auch andern Aſtronomen, in niedrigen Orthen zu be-
gegnen pflegt: „ Zur Nachricht war auf den
„ Spitzen der Berge bey 800 Yards über der
„ See, eine ſo außerordentliche Verdichtung
„ oder vielmehr Herabſtürzung der Dünſte,
„ daß mir das in meinen himmliſchen Beob-
„ achtungen eine große Hinderniß war. Denn
„ bey heiterm Himmel fiel der Thau ſo ſtark,
„ daß jede halbe Viertelſtunde meine Gläſer
„ mit kleinen Tropfen bedekt waren, ſo daß
„ ich genöthigt war, ſie eben ſo oft abzuwi-
„ ſchen; und mein Papier, worauf ich meine
„ Beobachtungen ſchrieb, wurde flugs ſo naß

N 2   „ von

„ von dem Thau, daß es keine Dinte halten
„ konnte. Hieraus mag man schließen, wie
„ sehr das Wasser in diesen entsetzlich hohen
„ Gegenden, die ich eben genennet habe, im
„ Ueberfluß quellen muß. „ Philos. Transact.
Num. 192. (S. S. 142.).

147. Woher kömmt aber eine so große Menge Dünsten? Aus der Erde, sagt man. Ich
leugne nicht, daß eine große Menge aus der Erde
aufsteige; aber ich behaupte eine größere Menge aus dem Meere. Halley hat darüber einen Versuch angestellt, und Ausrechnungen gemacht. „Wir
„ nahmen ein Gefäß mit Wasser, bey 4 Zoll
„ tief und $7\frac{2}{10}$ Zoll im Diameter, worein
„ wir ein Thermometer setzten; und vermittelst
„ eines Gefäßes mit Kohlen brachten wir das
„ Wasser auf eben den Grad von Hitze, wie
„ man beobachtet hat, daß, die Hitze der Luft
„ in unsern heissesten Sommern ist; wie das
„ Thermometer es deutlich zeigte. Nach diesem
„ befestigten wir das Gefäß mit Wasser, samt
„ dem Thermometer in demselben, an das eine
„ Ende eines Waagbalkens, und brachten es
„ genau ins Gleichgewicht, mit Gewichten in
„ der andern Waagschaale; und durch Annä-
„ herung oder Entfernung des Gefässes mit
„ Kohlen fanden wir, daß es sehr leicht war,

„ das

„ das Waſſer in eben dem Grade der Wärme
„ ganz genau zu erhalten. Indem wir dieſes
„ thaten, fanden wir daß das Gewicht des
„ Waſſers merklich abnahm; und nach Ver-
„ fluß zwoer Stunden beobachteten wir, daß
„ $\frac{1}{2}$ Unze Troy, weniger 7 Grän, oder 233
„ Grän, Waſſer mangelte, welches in derſel-
„ ben Zeit in den Dunſt verflogen war, ob-
„ wohl man kaum bemerken konnte, daß daſ-
„ ſelbe rauchte, und das Waſſer nicht merk-
„ lich warm war. Dieſe Quantität in einer
„ ſo kurtzen Zeit ſchien uns ſehr anſehnlich,
„ da ſie nicht viel weniger als 6 Unzen in 24
„ Stunden ausmachte, von einer ſo kleinen
„ Fläche, als ein Kreiß von 8 Zoll im Dia-
„ meter iſt. — Indem wir das Experiment
„ machten: ſo war das gebrauchte Waſſer
„ durch die Auflöſung von etwan dem
„ 40ſten Theile von Salze auf eben den Grad
„ geſtiegen, als das gemeine Seewaſſer ſteigt. „
Philoſ. Transact. No. 189. Hieraus hat Halley, ziemlich mäßige Berechnungen über die
Dünſte angeſtellt, welche aus dem mittelländi-
ſchen Meere in den Zeitraume von 12 Stunden in die Höhe ſtiegen; und über das Gewäſſer, das die vornehmſten Flüße täglich in

daß

daſſelbe ausgößen; und er ſand, daß dieſes
Gewäſſer nur ein klein wenig mehr als ⅓ der
Dünſte ausmachet. Philoſ. Transact. No. 189.
p. 369.

148. Aber der halleyiſche Verſuch hat Widerſacher gehabt. Heinrich Kühn hat in jener
Abhandlung von dem Urſprunge der Quellen *), welche im Jahre 1740 von der Akademie in Bordeaux mit dem Preiſe gekrönt
worden, dem halleyiſchen Verſuche einen von
den ſeinigen, und, wie er ſelber urtheilt, einen überzeugendern, entgegengeſetzt; welchen
viele, die aus Herrn Kühn philoſophiren, ihm
nachgeſungen haben: „Man nehme ein klei-
„ nes Gefäß, daß inwendig weiß iſt, und aus
„ harter Materie gemacht iſt, dergleichen man
„ zum Theetrinken gebraucht. In daſſelbe gie-
„ ße man, 1 bis 1½ Zoll hoch, klares Waſ-
„ ſer, und ſetze es zur Sommerszeit in die
„ Sonne: ſo wird man wahr nehmen, daß
„ das Waſſer innerhalb 3 bis 4 Stunden bis
„ auf den letzten Tropfen ausdünſtet. Man
„ be-

*) Dieſe Abhandlung hat der Verfaſſer im Jahre 1746
ins Deutſche überſetzt. Lateiniſch und franzöſiſch iſt
ſie von der Akademie zu Bordeaux im Jahre 1741.
herausgegeben worden.

„ betrachte hingegen einen Graben oder Teich,
„ insonderheit einen solchen, dessen Grund weich,
„ und von dunkler Farbe ist, und worüber
„ das Wasser etliche Schuhe hoch stehet: so
„ wird man befinden, das innerhalb 4 bis 12
„ Stunden der Abgang des Wassers fast nicht
„ im geringsten zu spüren ist, sondern daß vie-
„ le Tage, ja ganze Sommermonate, hinge-
„ hen, ehe man gewahr wird, daß das Was-
„ ser darin etliche wenige Zolle gefallen ist. „*)

149. Fürs erste merke ich an, daß dasjenige, was Kühn von einem irdenen Topfe vor-
schrieb inwendig weiß und mit einer harten
Materiel überzogen seyn soll, weder den hal-
leyischen Versuch, noch die Ausdünstung des
Meeres, im geringsten was angehet. Denn
dieses hat nirgends Statt. Aber er selbst scheint
diesem Umstande keine großen Kräfte in dieser
Sache zuzuschreiben. Fürs andre sagt er
eben daselbst an einem andern Orte (S. 105.):
als Halley den Versuch vorgetragen hätte: so
hätte er zugleich vorausgesetzt, daß tiefere
Wasser mehr ausdünsteten, als weniger tiefe.

N 4   Um

*) Herrn Kühns vernünftige Gedanken von dem Ur-
sprunge der Quellen rc. §. 20.

Um deswillen führt er eine Stelle an, aus
Lowthorps Auszug der philosophischen Transactionen Vol. 2. p. 108. Ich habe die Transactionen selbst gelesen, worin Halley der königlichen Societät den Versuch und alle Berechnungen mittheilte. Ich habe nichts von einer solchen Meynung Halleys darin gelesen.
Den Auszug aber habe ich nicht gelesen. Es
sey aber, daß Halley dieses geurtheilt habe:
so hat er es doch bey diesen Rechnungen gewiß
nicht angenommen. Aber Kühn zielt auf was
anders, und darein setzt er die ganze Stärke
gegen Halley. Er behauptet, es könne von
der Ausdünstung in kleinern Gefäßen kein
Schluß gezogen werden auf die proportionir-
ten, Ausdünstungen in größern Wasserbehäl-
tern. „Hieraus machte ich die Rechnung,
„daß die Landseen und Teiche, wenn sie 5
„bis 6 Schuhe tief sind, bey heißer Som-
„merszeit innerhalb 15 bis 20 Tagen der Er-
„fahrung zuwider, ganz austroknen müsten,
„falls so ein tiefes Wasser, wegen der Aus-
„dünstung eben so geschwinde fallen sollte, als
„das Wasser in meinen Gefäßen von so ge-
„ringer Tiefe. „ (Eben daselbst S. 106.).
150. Gleichwohl als ich dieses das erstemal
las, so hielt ich Kühns Versuch für nicht sehr
strenge

strenge und allzu umschweifend, als daß obiges
daraus mit Gewißheit konnte geschloßen werden, als ich darauf, auf andre Versuche dach-
te: so fand ich ganz das Gegentheil erwiesen
durch einen Versuch, der mit dem grösten Flei-
ße und mit aller Vorsicht angestellt wurde.
Ich würde zu weitläufig seyn, wenn ich beurtheilen wollte, was Waller, von der Akade-
demie in Schweden, in den Abhandlungen
dieser Akademie darüber gemeldet hat. Ich
will nur den Schluß anführen, den Waller
aus Versuchen gezogen hat, die so streng als
möglich sind angestellt worden: „Aus allen
„Theilen, aus welchen vorgehender Versuch
„bestehet, ist augenscheinlich zu ersehen, daß
„bey gehöriger Bedekung der Gefäße, daß
„Sonne und Wärme nicht unmittelbar auf
„die Seiten wirken können, die zuerst ange-
„führte Verhältniß vollkommen richtig ist,
„und aus dem höhern Gefäße nicht mehr in
„eben der Zeit, und unter eben den Umstän-
„den, wegdünstete, als erwehntes Verhält-
„niß erforderte; sondern vielmehr weniger.
„Doch kömmt der Unterschied auf einige As
„an, welches nichts sagen will. Ich könnte
„solches wofern es weitere Beweise erforderte,

N 5   „ noch

„ noch mit mehrern Verſuchen, die ich ange-
„ ſtellt habe, beſtärken. Aber ich hoffe, ſchon
„ hiedurch das erſte Geſetz beym Ausdünſten
„ des Waſſers dargethan zu haben: Das die
„ Ausdünſtungen des Waſſers: in gleicher
„ Zeit und in einerley Umſtänden, ſich wie
„ die Oberflächen des Waſſers verhalten,
„ auf welche die Luft unmittelbar wirkt,
„ wenn die andern Seiten vor derſelben
„ Wirkung bedekt werden. „ Abhandlungen der Königl. Schwed. Akad. B. 8. S. 14.

151. Halley aber, indem er unter das Gefäß worinn das Waſſer war, glühende Kohlen
brachte hat auch vornehmlich jene Seite des
Gefäſſes, die gegen die Kohlen gekehrt war,
warm gemacht; und die Oberfläche des Gefäſſes verglich er mit der Oberfläche des mittel-
ländiſchen Meeres. Demnach iſt dasjenige
gültig, was er durch Rechnung gefunden hat;
und wenn er auch in irgend einem Theile durch
die Berechnung etwas mehr Dünſte herausge-
bracht hätte: ſo würde es doch ſehr leichte
durch alles das erſetzt werden, was er in die
Rechnung nicht angeführt hat; er hätte aber,
wenn er gewollt hätte, ohne jemandes Wi-
derrede, darinn anführen können, zum Exempel

pel, die Kraft der Winde, um die Ausdün⸗
stung der Meere zu vermehren; und die Elek⸗
tricität, welche uns heut zu Tage als die Ur⸗
sache der Dünste, welche alle übrigen Ursachen
in sich begreift, bekannt ist (§. 132. 134.)
" Weil um alle Seen, Ströhme, Bäche,
„ Quellen und Meere, in die Erde auf eine
„ gewisse Tieffe versteckt sind, und sich wie die
„ kupfernen Cylinder verhalten, die in Thon
⸗ gesetzt waren: so ist klar daß aus allen die⸗
„ sen natürlichen Wasserbehältnissen, welche an
„ die Luft kommen, oder auf der äussern Fläche
„ der Erde befindlich sind, in soferne keine
„ unterirdische Wärme dazu kömmt, nicht mehr
„ ausdünstet, als was ihrer Oberfläche gemäß
„ ist. Weil man aber weis, wieviel aus ei⸗
„ nem gewissen Gefässe, das auf allen Seiten
„ bedeckt ist, in einer gegebenen Zeit ausdün⸗
„ stet: so wird es nicht schwer fallen, aufs
„ genaueste abzumessen, wieviel Wasser aus
„ einem Strohme, Damme oder einer See
„ von gegebener Fläche in eben der Zeit und
„ in eben den Umständen aufsteigt. „ Schwed.
Abhandl. B. 8. S. 14.

152. Laßt uns nun die aus den Meeren auf⸗
gestiegenen Dünste auf jedem Wege, wo sie
mö⸗

mögen hingeführt werden, verfolgen. Erstlich
aber werden sie in Begleitung der Elektricität,
aus ihrer Stelle fort bewegt; und wo die
Elektricität hin will, dahin richten sie ihren
Lauf, indem sie diese grosse Beherrscherinn der
Luft mit sich ziehen. (S. 113.). Die Elektricität aber liebet Abwechselungen zwischen Himmel und Erde (S. 112.); indem sie strohm-
weise nach den allerhöchsten Gegenden der Erde sich bewegt (S. 120.). Demnach wird die
Elektricität von den Dünsten vorzüglich nach
den Vorgebirgen, nach den hohen Bergen der
Inseln und Halbinseln, nach denen an den
Meeren anliegenden hohen Gegenden, getragen werden. Aber meistentheils hält sie sich
in der höchsten Atmosphäre (S. 112.), als in
ihrer Herberge, auf; und sie wird mit den
Wolken weit über den erhabenen, und auf alles stolz herabsehenden Chimborossus erhoben.
Es liegen aber die Gegenden des festen Landes
hoch; und vornemlich dichter gepfropft ragen
die mittlern Gegenden des festen Landes, vor
allen andern empor. „ In den festen Län-
„ dern hängen die Berge an einander, und
„ machen lange Reihen oder Gebirge. In den
„ Inseln sieht man sie mehr unterbrochen und
„ einzeln stehen. — Ich bemerke auch, daß die
„ ent-

„ entgegengesetzten Hügel fast völlig einerley Hö-
„ he haben; und daß überhaupt die Gebirge in
„ der Mitten eines festen Landes stehen. „ Buffons Naturgeschichte, B. 1 S. 48. In die
mittlern Gegenden des festen Landes also werden die Dünste der Meere von der Elektricität
großen Theils hingetrieben (S. 151.).

153. Wenn wir aber aus der Ebene auf die
höchsten Spizen der Gebirge geführt werden;
so sehen wir ganz andre Gestalten an Gräsern,
Kräutern und Wäldern fast von der Wurzel
an biß auf die Scheitel: wir sehen daß diese
Berge mit einer Rinde von Erde bedekt sind,
die die Feuchtigkeiten aufs begierigste einschluket;
einige erblicken wir voller kleiner Steine, andre
von lauter Felsen. Die allerhöchsten Gebirge sind
meistentheils Felsen oder ein unfruchtbarer Haufen Steine. Von dem innern Bau der Berge aber will ich die Herrn Buffon und Scheuch-
zer zu Rathe ziehen. Der erstere hat folgendes: „ Die Hölen finden sich in Bergen, und
„ wenig oder gar nicht in den Ebenen. In den
„ Inseln des Archipelagus, und in andern,
„ finden sich deren sehr viele; weil die Inseln
„ überhaupt nichts anders als Spizen von
„ Bergen sind. — Das Innere der Berge be-
„ steht hauptsächlich aus Steinen und Felsen,
                                            „ deren

„ deren unterſchiedene Lagen ſind. Man fin-
„ det zuweilen zwiſchen horizontalen Lagen klei-
„ ne Schichten von einer Materie, die nicht ſo
„ hart als Stein iſt; und die ſenkrechten Ri-
„ ze ſind mit Sand, mit Kriſtall und Minera-
„ lien, mit Metallen u. ſ. f. angefüllt. — Iſt
„ der Berg durch einen tiefen Graben, oder
„ durch einen hohlen Weg durchſchnitten: ſo
„ erkennet man alle Lagen und Schichten, wor-
„ aus er zuſammengeſetzt iſt. „ Naturgeſchich-
te, S. 288 — 290. Vallisneri *) führt aus
Scheuchzern ein Gemählde an, von den ſehr
hohen, um den Urner See herumliegenden
Gebirgen, und von ihren auf einander geſez-
ten Lagen. Da dieſe Schilderung von dem fleißigen und in natürlichen Dingen ſehr geſchik-
ten Manne ausgeziert worden iſt, und in unſre Sache meiſtentheils einſchlägt: ſo habe ich
mir vorgenommen das Vornehmſte davon an-
zuführen. — Alle Berge beſtehen aus Schichten, die ordentlich auf einander liegen. Einige
dieſer Schichten ſind bogicht, und formiren
Schibbogen, deren obern Theile auf den untern
aufſizen. Andre ſind horizontal, von der höchſten

*) Lezzione Accademica intorno l'Origine delle Fon-
tane, &c. Venetia, 1726. Giunta p. 100.

sten Spitze bis auf den tiefsten Grund. In beyderley Schichten aber giebt es unten am Fuße derselben keine Quellen; außer wo die Schichten gespalten sind und aus einander ragen, und wo also die Spalten das Wasser herableiten. Andre Schichten neigen sich gegen dem Horizont, laufen parallel unter sich, sind unten von Thälern durchschnitten; oder sie sind auch nur eingebogen, und wälzen sich auf der gegen über stehenden Seite, von neuem wieder in die Höhe. Fast alle diese Schichten geben reichliche Quellen. Andre Schichten die senkrecht auf dem Horizonte stehen, leiten das Wasser zum Horizonte hinab. Einige Berge steigen aus einem rohen und unförmlichen Felsen; sie sind aber gleichwohl mit Kräutern und Bäumen geschmükt; andre reken einen nakenden Scheitel gen Himmel. Die erstern überfließen von Quellen; die andern sind ganz davon entblößt.

154. Und überhaupt hat man auf allen Oberflächen des Erdbodens gefunden: daß die häufigsten Quellen in gebirgigen Gegenden sich ergießen; und zwar bald an dem Fuße derselben, bald in den ansteigenden Erhebungen, bald beynahe auf den obersten Spitzen der Berge selbst.

Auch)

Auch die Flüße entstehen aus den Quellen und gehen in ihrem Laufe den Strichen der Gebirge nach. „ In dem alten festen Lande haben „ die größten Gebirge ihre Richtung von We= „ sten nach Osten. Auf gleiche Weise befindet „ man, daß die grösten Flüße eben so eine Rich= „ tung, wie die grösten Berge haben; und daß „ ihrer sehr wenige sind, welche der Richtung „ der Arme der Gebirge folgen. Hievon um= „ ständlicher unterrichtet zu werden, darf man „ nur die Augen auf die Erdkugel richten, und „ das alte feste Land von Spanien an bis nach „ China durchgehen: so wird man es so finden „ u. s. f. „ Buffons Naturgeschichte, B. 1. S. 179.

155. Warum sollte also nicht die wirkende Ursache der Quellen, und Flüße in den gebir= gigen Erdstrichen zu suchen seyn? In der That, woher irgend eine Sache zu uns her abgeleitet zu werden, erkannt wird, dahin wird man auch auf den Ursprung zurükgehen müssen. Alle Mee= re schiken Gewässer in unglaublicher Menge in die Luft (S. 147.). Diese Wasser des Him= mels durch die Kräfte der Elektricität auf die Erden, ja mitten auf die festen Länder, getrie= ben (S. 152.) Sie besetzen die Striche der Ge=

bir=

ge (S. 152). Auf die Striche der Gebirge also stürtzt die Elektricität jene unglaubliche Menge von Wassern (S. 145.). Die Quellen aber sind
in den gebirgigen Erdstrichen am häufigsten, und
die Flüße folgen in ihrem Laufe diesen Strichen nach
(S. 154.) Der Bau der Berge ist ferner so beschaffen, daß sie die vom Himmel aufgefangenen Gewässer auch wieder in die Thäler ausgießen können,
und daß sie dieses langsam thun können (S. 153.).

Satz: Demnach ist es die Elektricität, die uns
die Flüße und Quellen vom Himmel herabgießt.

156. Halley hat erwiesen, daß ungefähr der
dritte Theil der Dünste die aus dem Meere stie-
gen, durch die Flüße in das Meer zurück keh-
re. Wohin kommen nun die übrigen zwey Drit-
theile? Nicht wenige Dünste kommen beständig
von da zurük, wohin sie abgegangen sind; und
ohne daß sie bis in die höhere Atmosphäre ge-
langen, kehren sie mit einem Theile des elektrischen Feuers in das Meer zurük. Laßt uns
auch etwas abrechnen für die Nahrung der Pflanzen, welche sie überall auf der Oberfläche der
Erde aus der Luft einsaugen; obgleich diese Sache mit Halleys Berechnung, da nemlich aus
derselben die Frage entspringt: ob zur Ernäh-

O   rung

rung der Pflanzen Dünste genung da seyn oder
nicht? Gar nichts zu thun hat. Aber laßt uns
sage ich, etwas abrechnen; die Berechnung wird
dadurch gewiß in nichts fehlerhaft. Der berühmte Hales der unter allen Sterblichen am
fleißigsten die Ausdünstungen der Pflanzen ausgeforscht hat, vergleichet die Sache auf beyden
Seiten durch Gründe. Indem er aus der
Quantität des fallenden Regens auf die Nahrung der Quellen und Flüße schließt: so spricht
er so: „ Die mittlere Quantität von Regen,
„ der in einem Jahre fällt, ist 22 Zolleftark;
„ diejenige von der Ausdünstung der Erde, in
„ einem Jahre, ist wenigstens $9\frac{1}{2}$ Zolle stark,
„ weil dieses das Maaß ist, nach welchem die
„ Ausdünstung in einem Sommertage geschieht.
„ Von diesen $9\frac{1}{2}$ Zollen muß man $3\frac{12}{100}$ Zolle ab-
„ ziehen für den Thau; es bleiben also $6\frac{1}{10}$ Zol-
„ le; diese von den 22 Zollen von Regen ab-
„ gezogen, verbleiben wenigstens 16 Zolle Waf-
„ fers, um das Pflanzenreich, die Quellen und
„ die Flüße damit zu versehen. „ *Statique des*
Végetaux, chap. I. p. 48. Wenn man alles
dieses fleißig erwägt und unsern Satz S. 45.
noch mit dazu nimmt: so wird die hallenische
Rechnung noch in ein größeres Licht dadurch
versetzt.   157.

157. Weil die Rede auf das Capitel von den Pflanzen gefallen ist: so will ich diese Materie noch nicht verlassen. —— Ich denke daß aus dem, was kurz vorhin erwiesen worden, genugsam erhelle, daß der Nutzen der Elektricität für alle Geschlechter der Pflanzen überaus vortrefflich sey. Ich will einiges davon berühren. Und zwar fürs erste ist es mir höchstwahrscheinlich, daß jene höchstfetten und fröhlichen Weyden auf den höchsten Alpen von der Elektricität am meisten belebt werden. Denn diese schikt sowohl einen fast immerwährenden Thau, als häufige Regen, auf dieselben. Und da die Elektricität sich begierig nach zugespitzten Körpern, und nach allen grünen Pflanzen, hinzieht: so fällt sie auch noch überdies in größerer Menge auf dieselben, als sie wegen der Höhe der Berge thun würde; und im Herabfallen erweitert sie alle Gefäße, dehnet sie aus, und bringt den Nahrungssaft in Bewegung; eben so als in einem Harröhrchen; wie ich durch folgende Versuche zeige.

Versuch.

158. Zurüstung: Ich nehme eine grüne Pflanze, die in einem irdenen Gefäße wächst,

und

und mit Blättern (mit zugeſpitzten Blättern,
wenn man will,) geziert iſt. Ich verbinde ſie
mit der Kette. Ich elektriſire.

Erſcheinungen: 1) Die Hand, die ſich der
elektriſirten Pflanze auf etliche Zolle nähert,
fühlt einen ſanften Wind. 2) Hat ſich die Hand
noch mehr genähert: ſo lokt und zieht ſie die
kleinen Blätter an ſich. 3) Sind die kleine
Blätter bis zur Hand gekommen: ſo ſchießt ein
ſanftes Flämmchen aus denſelben in die Hand.
4) Wenn der Verſuch im Finſtern gemacht
wird: ſo entſtehen, zwiſchen der Hand und der
Pflanze, längliche leuchtende Kegel, mit ſehr
lieblichen Farben. 5) Oft auch ſieht man dergleichen Kegel von ſich ſelbſt mit einem ſanften
Geräuſche in die Luft herauszischen. *)

Folgerung: Alle Erſcheinungen ſind eben
dieſelben, die ſich in Körpern zeigen, welche
durch Mittheilung elektriſirt ſind.

Verſuch.

159. Zurüſtung: Ich nehme eine Haarröhre.
In dieſelbe ſauge ich Waſſer aus einem Gefäße,

*) Dieſer Verſuch findet ſich in den philoſ. Transactio-
nen No. 482.; und er iſt von J. Broweing und
Heinrich Backer angeſtellt worden.

ße, das voll Waſſer iſt, nach den Vorſchriften der Hydraulik; das Waſſer läuft nicht heraus. Es tropft nur ſehr langſam.   Ich nehme dieſe zubereitete Haarröhre in die Hand; und verbinde mich mit der Kette.   Ich werde elektriſirt. Und auch das Waſſer wird mit mir elektriſirt.

Erſcheinungen: 1) Das elektriſirte Waſſer ſprützt ſogleich aufs unterſte aus der Oeffnung der Röhre heraus. 2) Das herausſpringende Waſſerſäulchen theilet ſich überall rund herum in Waſſer faſern aus. 3) Ich trete von der Kette zurük: und alles dieſes höret auf. 4) Ich trette aufs neue hinzu: ſo kömmt alles das wieder. *)

Die Folgerung iſt klar.

Satz: Nicht allein durchdringt das elektriſche Feuer die Pflanzen (S. 158.); ſondern im Durchdringen reizt es auch ihren Nahrungsſaft zu einer lebhaftern Bewegung (S. 159.).

160. Aber die Naturforſcher ſind noch weiter gegangen, und haben verſucht, ob ſie auch die Vermehrung des Wachsthums ſelbſt, welche die

O 3   Pflan-

---

*) Man ſehe Nollets *Recherches* &c. Discours V., und die *Philoſ. Transact.* No. 486.

Pflanzen von der Elektricität empfänden, sichtbar vor Augen stellen könnten. Herr Mambray hat im Jahre 1746. zu Edimburg in dem
ganzen Monat October zween Myrthenbäume
elektrisirt. Im Jahre 1747 elektrisirte Nollet
Samen von Pflanzen, die er in die Erde ge-
steckt hatte. Fast zu gleicher Zeit hat Jallabert zu Genf den Versuch durch die Elektricität
mit Zwiebeln von Hyacinthen Narcissen u. d. g.
gemacht, und Bose in Wittenberg mit andern
Pflanzen. Im Jahre 1754 hat Runeberg in
Stockholm sowohl viele Pflanzen als auch Samen auf eben die Art fleißig untersucht, und
was er gesehen hatte, der schwedischen Akademie hinterbracht *). Das allgemeine Urtheil
von allen fiel dahin aus: daß das Wachsthum
der Pflanzen durch die Elektricität vermehrt
sey gesehen worden.

161. Ich könnte nun sehr leicht die Anwen-
dung auf jedes Geschlecht der Gewächse machen, und von den Wohlthaten der Luft-Elektricität in alle Pflanzen überhaupt handeln: aber
ich will nur eine Stelle des berühmten Linne
daraus erklären, weil sie einen Zusammenhang
mit

*) Schwedische Abhandlungen, B. 19. S. 15.

mit dem vorhergehenden zu haben scheint. „Die
„ Kräuter haben niemals stärkere Bewegung
„ als auf hohen Felsen; woher es dann kömmt
„ daß sie alle geschwinde aufkommen, blühen
„ und Früchte tragen; welches die Natur auf
„ diesen hohen Bergen, wegen der gar zu kur-
„ zen Dauer des Sommers, für unumgänglich
„ nöthig befunden. Dieses verursachet auch,
„ daß die Gebirge Kräuter nur klein, hinge-
„ gen mit unzählichen Saamen körnern ver-
„ sehen sind. Verpflegt man sie aber in Gär-
„ ten: so wachsen sie weit höher und tragen
„ größere Blätter, bringen aber wenigerFrucht.„
Schwedis. Abhandlung B. 1. S. 13. Woher kömmt aber jene gewaltsamere Bewegung
der Pflanzen auf den höchsten Felsen? Wird sie
von den Winden hervorgebracht? Er sagt es
zwar. Aber warum nicht auch in niedrigen Gegenden, wo sie nicht nur fast beständig, sondern
auch durch wütende Sturmwinde oft bewegt
werden? Vielleicht aber hat Linne mehr eine
innerliche Bewegung der Pflanzen verstanden.
Diese folgt offenbar aus S. 158. und 159; und
sie ist auf den Gebirgen immerwährend, und
viel heftiger, als in niedrigern Orten. Da die
Elektricität zu dem Wachsthume am meisten bey-

O 4   trägt

trägt (S. 160); und da sie dieses thut an Orten, die von der Wärme, welche alles ausdeh-
net und erweitert, entfernt sind: so erfüllt sie
die Pflanzen der Felsen nebst ihren Saamen
nicht allein mehr, sondern sie hällt sie auch in
einer kleinern Größe eingeschlossen.

162. Nun komme ich, von der Naturgeschichte der Gewächse, auf ein an sich sehr
schönes, und von wenigen bearbeitetes Feld;
welches ich, soviel ich kann, durch die Elektricität erleuchten will. Die Beobachtung der
Landleute ist alt, daß, wenn der Himmel donnert, und aus den Ungewittern Regen herab-
schüttet, alle Pflanzen auf eine wunderbare
Weise geschwinde zunehmen; welches sie sonst
niemals thun, man mag sie, soviel man will,
mit Wassern von Bächen oder Brunnen be-
gießen. Aber ich will mit den Landleuten,
diesen weniger geschickten Beobachtern, nichts
zu thun haben. Ich ziehe eine Akademie der
Wissenschaften zu Rathe: „So sehr die gros-
„sen Hitzen und die anhaltenden Trockenheiten
„dem grösten Theile der Pflanzen nachtheilig
„sind: so heilsam sind ihnen die sanften Re-
„gen und die Feuchtigkeit, ja auch der über-

zogene

„ zogene Himmel. Nichts ist gewisser, als daß
„ sie in acht Tagen einer solchen Witterung
„ mehr zunehmen, als in einem ganzen Mo-
„ nate von Trockenheit. Und von dieser Wir-
„ kung, die aller Welt bekandt ist, scheint es,
„ daß man die physikalische Ursache noch nicht
„ genug ergründet hat. —— Aber ich will
„ zeigen, daß der Mangel des Flüßigen nicht
„ angesehen werden muß als die einzige Ur-
„ sache der Trägheit der Pflanzen bey schönem
„ Wetter; und daß es nicht dieses Flüßige
„ allein ist, dem man die erstaunliche Ge-
„ schwindigkeit zuschreiben muß, mit welcher
„ sie bey überzogenem, veränderlichem und
„ stürmischem Wetter vielmehr zunehmen, als
„ bey schönem, trockenem und heiterem Wetter.
„ Dieses ist es, was ich durch eine besondre
„ Beobachtung, die ich über die Wasserpflan-
„ zen angestellt habe, beweisen will. Noch
„ Niemand, glaube ich, hatte Achtung gege-
„ ben auf die Wirkung, welche die Verände-
„ rungen der Witterungen auf dieselben her-
„ vorbringen; diese Wirkung ist indessen ziem-
„ lich merklich; und ich habe sie in diesen Ar-
„ ten von Veränderungen vielmal mit Vergnü-
„ gen wahrgenommen bey den Hydroceraton,

O 5   „ bey

„ bey der Nymphea, bey der Brunnenkreſſe,
„ und bey andern Pflanzen dieſer Art, die in
„ den Waſſern wachſen; ſo daß, wenn ein
„ Sumpf, ein Teich, ein Bach, abgemäht
„ wurde, die Pflanzen, die darin wachſen,
„ mehr als einen Monat zur Zeit der Trocken-
„ heit nöthig hatten, um die Oberfläche des
„ Waſſers zu erreichen, da ſie ſonſt bey rege-
„ nichtem Wetter nur 14 Tage dazu nöthig hat-
„ ten. Woher kömmt dieſer Unterſchied? Und
„ wie kömmt es, daß Feuchtigkeit und Regen
„ ihnen beynahe ſo nützlich ſind, als den irdiſchen
„ Pflanzen? Dieſes ſo nöthige Waſſer, dieſes
„ ſo mächtige Auflößungsmittel, mangelt dieſen
„ Waſſerpflanzen nicht, weil ſie zuweilen 2 bis
„ 3 Schuh hoch damit überdekt ſind. Es liegt
„ etwas mehrers darunter verborgen, (und
„ die ganze Welt kann es bemerkt haben);
„ nemlich, daß die Begießungen, ſo häufig ſie
„ auch ſeyn mögen, und was für Waſſer man
„ auch dazu gebrauchen mag, wenn es auch
„ Waſſer von einem Sumpfe oder von Regen
„ wäre; daß, ſage ich, dieſe Begießungen nie-
„ mals die Pflanzen ſo zunehmen machen,
„ (während der Zeit als das Wetter ſchön und
„ beſtändig iſt als es ein warmer Regen und

„ auch

„ auch nur ein Thau thun wird. Ich sage,
„ während der Zeit, als das Wetter schön und
„ beständig seyn wird; denn die Begießungen
„ thun Wunder, (selbst wenn kein Tropfen
„ Regen fallen sollte), wenn nur, indem man
„ begießt, der überzogene und mit Wolken be-
„ ladene Himmel uns Wasser anzukündigen
„ scheint. „ *Mém. de l' Acad. des Sciences* 1729
p. 349 — 351.

163. Laßt uns sehen, was mit Grunde hierüber gesagt werden kann. Bey donnerndem Himmel streiten die Luft und die Erde um die Elektricität (§. 111.), Sie streiten auch bey wolkichtem
Himmel, vornehmlich wenn die Wolken nicht
allzu hoch von der Erde erhoben sind. (§. 112.)
Das elektrische Feuer aber bedient sich der her-
abfallenden Regen und Dünste als eines Leiters,
und zwar als des einigen Leiters (§. 113.),
der durch die ganze Atmosphäre überall ausgebreitet ist (§. 146). Die Elektricität vereinigt sich auch leichte mit den grünen Pflanzen;
und indem sie dieselben durchdringt, bringt sie
ihren Nahrungssaft in Bewegung (§. 158. 159.)
und befördert das Wachsthum (§. 160.). Wenn
demnach der Himmel donnert, und aus den
Ungewittern Gewässer herabregnen macht; oder

wenn

wenn er auch nur einen sanften Thau aus den
Wolken herabtröpfelt: so dringt die Elektricität
die in den aufsteigenden oder herabsteigenden
Feuchtigkeiten verbreitet ist, auf ihrem Wege
durch die Pflanzen, die überall die Erde beklei-
den, und reizt sie zum Wachsthum an.

164. Schwerer aber ist der Beweiß bey den
Wasserpflanzen, weil das Wasser, das dieselben überall bedekt, als der hurtigste Leiter des
elektrischen Feuers, gar nichts von diesem Feuer in diese Pflanzen hinabzuleiten scheint. Aber
laßt uns die Sache näher betrachten. Alle
Wasser sind in erdenen Graben, als in Gefäßen, enthalten. Die Gründe der Graben sind
compact, und entweder von Thon, oder krei-
denhaft u. s. w. Der Sand selbst hat seine
Schichten unter sich, welche das Gewässer zu-
rückhalten, und den Abfluß hindern. Demnach
dringen die Wasser nicht tief in die Gründe
der Graben hinein. Tiefer hinein dringen, die
Wasserpflanzen, die in diesen Grunden wachsen,
mit ihren Wurzeln. Die Wurzeln aller Pflanzen endigen sich in Spitzen, und meistentheils
in unendlich viele Spitzen. Indem also das elektrische Feuer vermittelst des Leiters von Dünsten und
Regen, in die Wasser herabgeführt wird, und

(um

(um das Gleichgewicht der Dichtigkeit herzu-
stellen) in den untern Erdboden hinabfällt: so
nimmt es seinen Weg auch durch die Wasserpflanzen, und belebet sie.

165. Ich habe mir aber auch noch ein anderes Hauptstük meiner Materie abzuhandeln vorgenommen, das an Eigenschaft und an Schwierigkeit dem vorigen ähnlich ist. Die Sache ist
dem ganzen Geschlechte der Menschen bekandt;
sie ist aber von wenigen erklärt worden, und
von noch wenigern mit einiger Warscheinlich-
keit. „ Die Stämme oder Stengel aller Pflan-
„ zen stehen senkrecht auf dem Horizonte. Man
„ verwundert sich nicht darüber, ja man giebt
„ nicht einmal Achtung darauf. Es scheint,
„ als könne es nicht anders seyn. Indessen
„ wenn man soviel Naturkunde besitzt, um zu
„ wissen, was eine Pflanze ist, und wie sie sich
„ bildet: so fängt man an, diese Erscheinung
„ wunderbar zu finden; und dieß ist der Vor-
„ wurf der Erstaunung, welche Herr Dodart
„ wohl empfunden hat. „ *Histoire de l' Acad.*
des sciences, 1700. p. 61 .Dodart aber beschreibt
in den Abhandlungen des Jahres 1700 nicht
allein die Arten dieser Erscheinung, sondern er
erforscht auch ihre Ursachen. Das senkrechte
Abstei-

Absteigen der Wurzeln in die Erde schreibt er
dem Bau der Fasern zu; und von den perpendicular aufwärts gereckten Stämmen sagt er
nicht viel unähnliches. Endlich aber, indem er
die Stellung der Wurzeln und der Stämme unter sich vergleicht fährt er aufs bescheidenste fort
und völlig wie es einem philosophischen Manne
geziemt: „ Von allem diesem weis ich nichts;
„ und ich will lieber mich an das Vergnügen
„ halten, eine gewisse beständige, erstaunende
„ Wirkung, von der ich die Ursache nicht weis,
„ zu bewundern, als mir zu schmeicheln, daß
„ zu wissen, was ich nicht weiß. „ An angef.
Orte, S. 56. Von eben dieser Sache hat
Dodart im Jahre 1702 vor der Akademie seine Meynung entdeckt; und eben daselbst im
Jahre 1708 Herr De la Hire; und vor der
Akademie in Montpellier Herr Astruc. Herr
Dodart hat geurtheilt, daß die Pflanzen durch
die Kräfte der Luft in den Gefäßen der Pflanzen, welche bald durch die Wärme ausgedehnt,
bald von der Kälte zusammengezogen wird,
nach der verticalen Stellung der Erde erhoben
werden. De la Hire hat eine Art von einem
Hebel zwischen den Wurzeln und den Stämmen ausgedacht. Astruc hat eine stärkere Pressung

sung des Nahrungssaftes in die Theile der zu-
rückgeneigten Pflanze gebracht. Alle haben in
einigen Sachen Recht; ich werde aber auch
meine Gedanken sagen.

Versuch.

166. Zurüstung: Ich beuge einen metallenen Drath dergestalt um die gläserne Kugel,
die durch Reiben elektrisirt werden soll, daß
er, soviel, es möglich ist, parallel um die Kugel herumgeht. An den metallenen Drath
binde ich feine, kurze, zwirnfaden, das Kissen
ist auf dem festen Lande. Der metallene Drath
vertritt die Stelle der Kette, und ist ebenfalls
auf dem festen Lande. Ich elektrisire.

Erscheinungen: 1) Die zwirnfaden werden
von der elektrisirten Kugel angezogen; und
zwar 2) in einer dem Ansehen nach perpendicularen Richtung nach der Fläche der Kugel.

Die Folgerung ist klar.

Satz: Ein Elektrisirter spärischer Körper
zieht andre Körper die durch Mittheilung von
ihm elektrisirt werden sollen, in derjenigen
Richtung an sich, welche senkrecht auf die Oberfläche der Späre ist.

167.

167. Eben dieſes hat Herr Paul Fris theo=
retiſch erwieſen in der Preisſchrift, die er an
die petersburgiſche Akademie geſchickt hat (S.
Diſſertationes ſelectæ.). Der Verſuch aber iſt
von Haukobee (S. *Experiences Phyſico — mé-
chaniques ſur différens ſujês. &c.* T. I. *Experiences ſur l' Electricité*); und es iſt gleich viel,
ob man die Fäden über der äußern oder in der
innern Fläche der Sphäre aufhängt.

168. Die Atmoſphäre und die Erde ſtreiten
mit einander mit faſt immerwährenden Zuflüßen
und Abflüßen der Elektricität (S. 112.). Ver=
mittelſt dieſer Zuflüße und Abflüße dringt das
elektriſche Feuer durch alle Pflanzen, die ſich
auf der Oberfläche der Erde befinden (S. 158.);
und im Durchdringen lenkt es dieſelben dahin;
wohin es ſelbſt fährt (S. 158. Erſch. 2.). Es fährt
aber daſſelbe in einer perpendicularen Richtung
nach der Oberfläche der Erde (S. 166. 167.).
Folglich richtet es die Pflanzen unaufhörlich nach
einer Stellung, die auf die Oberfläche der Er=
de perpendicular iſt, in die Höhe. Und weil
dieſes Feuer, indem es die Pflanzen durchdrin=
get, ſie zum Wachsthume belebt (S. 160.): ſo
behalten ſie auch im Wachſen unaufhörlich die=
ſelbe Richtung.

Eben

Eben dieses bringe ich aber auch durch einen andern Schluß heraus: daß elektrische Flüßige das aus einem Körper in einen andern ergoßen wird, folgt der kürzesten Uebergangslinie (S.99.) In der Uebergangslinie des elektrischen Feuers, aber, das aus der Luft in die Erde (oder umgekehrt) übergegoßen wird, befinden sich die Pflanzen (S. 158.); und die kürzeste Richtung ist die senkrechte Richtung aus der Luft auf die Oberfläche der Erde (nach der Geometrie). Demnach, wenn das elektrische Feuer in die Pflanzen übergegoßen wird: so lenket es sie nach der Richtung, wie es fährt, (S. 158.), und richtet sie also perpendicular auf.

169. Es ist demnach klar, warum sowohl die Stämme aufwärts in die Luft vertical aufsteigen; als auch warum die Wurzeln vertical abwärts steigen. Die Frage will ich hier nicht berühren: warum nach Aufschließung des Samens und Hervorkeimung des Gewächses, die Wurzel von Natur abwärts, und der Stengel aufwärts getrieben werde, und nicht umgekehrt? Denn dieses scheint von dem verschiedenen Bau in beyden Theilen abzuhängen.

170. Ich will daher noch eine andre merkwürdige Stelle des Ritters Linne erklären:

P   „In

„ In Treibhäusern, Gewächs = und Winterhäu=
„ sern siehet man, wie alle darin wachsende
„ Pflanzen sich nach den Fenstern neigen; und
„ daferne etwan eine Scheibe daran zerbrochen
„ oder gar weg ist: so scheinet es, daß sie sich
„ gleichsam mit Gewalt durch das Loch hinaus
„ dringen wollen. „ Schwed. Abhandl. B. 1.
S. 11.

171. Denn da die Erde und die Luft das
elektrische Feuer wechselsweise einsaugen und
wieder das eingesogene von sich geben; da die=
ses Feuer dabey die Pflanzen liebet, wie ich
oben öfters gesagt habe, und diese Geliebten nach
sich ziehet, wohin es will: so folgen sie dem
Liebhaber, und werden nach der freyen Luft,
wohin er sie ruft, verlangen.

172. Es wird aber den meisten unerwartet
seyn, was ich jetzt von den Vortheilen der Elek=
tricität in dem Ackerbau sagen will. Ich wer=
de aber trachten, wo nicht etwas unzweifelhaf=
tes, doch gewiß etwas wahrscheinliches vorzu=
tragen. Bey den Engländern ist nicht gar längst
ein neuer Landtmann aufgetreten, der verstän=
dige und fleißige Herr Tull. Dieser hat ein
neues Lehrgebäude des Ackerbaues gegeben. Da
die=

dieses angefangen hatte den meisten zu gefallen: so ist es nicht nur in die französische Sprache von vielen übersetzt worden, sondern es wurde auch mit vielen Zusätzen geziert von dem großen Ackerbauverständigen, dem Herrn Duhamel du Monceau, und von ihm unter dem Titel herausgegeben. *Traité de la culture des terres suivant les principes de Mr. Tull.* Paris 1750. Eben dieses Buch des Herrn Duhamel ist deutsch herausgegeben worden, in Dresden 1752., unter dem Titel: Abhandlung von dem Ackerbau nach den Grundsätzen des Herrn Tull, 8. Wie nun das System des Herrn Tull viel andres Eigenes an sich hat: so schreibt er unter anderm auch vor, man soll den Erdboden öfters umackern; und er verspricht, daß dieses machen würde, daß auch das beste Getraide eben so reichlich alle Jahre könne eingeerndtet werden, und das dem Landmann nicht jedes dritte Jahr ohne Saat, wie es zu geschehen pflegt, leer ablaufen müße. Wir wollen den Herrn Duhamel anhören. „Um die Fruchtbarkeit der Felder zu vermeh-„ren, ist es nicht so sehr nöthig, sie mit der „Substanz zu versehen, welche die Pflanzen „nähren soll; als vielmehr dergestalt sie ge-

P 2   „schikt

„ ſchikt zu machen, daß die Pflanzen mit ihren
„ Wurzeln dieſe nemlichen Säfte ſammeln kön-
„ nen, welche faſt alle Felder reichlich enthal-
„ ten. Zu dem Ende muß man die Erdſchol-
„ len dergeſtalt zertheilen, daß ſie zwiſchen ſich
„ eine unendliche Menge Räume laßen, in
„ welchen die Wurzeln ſich einſchleichen können,
„ ſo daß ſie, indem ſie die kleinen Erdſchollen
„ unmittelbar berühren, die Nahrungsſäfte
„ daraus ſaugen. „ S. 46. ——. Wir ha-
„ ben erwieſen, daß es ſehr vortheilhaft iſt, die
„ Felder wohl zuzubereiten durch gute Bear-
„ beitungen, ehe man ſie beſäet. Man ſiehet
„ aber, daß dieſe erſtern Zubereitungen nicht
„ hinlänglich ſind; daß man die Pflanzen ab-
„ warten muß, nach Maaßgabe, wie ſie wach-
„ ſen; und daß man ſie nicht verlaſſen muß,
„ bis ſie zu ihrer vollkommenen Reife gelangt
„ ſind. „ S. 110. Und endlich: unſre Geg-
„ ner müßen eingeſtehen, daß das wohl be-
„ arbeitete Feld die Feuchtigkeit von Regen
„ und vom Thau viel williger annehmen wird,
„ als dasjenige, das nicht ſo gut bearbeitet ge-
„ weſen iſt. Und um dieſes Angeben zu er-
„ weiſen, wollen wir Erfahrungen anführen.
„ —— Unſer Autor verſichert, daß er niemals
„ eine

„ eine ſchmachtende Pflanze geſehen hat, wenn
„ der Boden, der ſie umgab, wohl umgear‍-
„ beitet war; und daß er im Gegentheil eben
„ ſo gut gewartete Pflanzen geſehen hat, die zu
„ einer außerordentlichen Größe angewachſen
„ waren. Er führt unter andern einen Stamm
„ eines Senfbaumes an, der ſo hoch war,
„ daß ein Menſch von mittelmäßiger Größe den
„ oberſten Gipfel des Baumes mit der Hand
„ nicht erreichen konnte.   Kurz, die Umarbei‍-
„ tungen, die man den Pflanzen während ihres
„ Wachsthums giebet ſind ſo nützlich, daß man
„ in einigen Gegenden von Gatinois, durch
„ Handarbeit dem Getraide mit der Hake ein
„ Anſehen giebt; und obgleich dieſe Arbeit koſt‍-
„ bar iſt, ſo verſichert man doch, daß die Ein‍-
„ wohner für ihre Arbeit reichlich entſchädiget
„ werden. „ S. 113. u. f.

173. Duhamel hat vollkommen Recht. Daß
aber noch etwas mehr darunter verborgen liege,
daß das Wachsthum der Pflanzen ſo ſtark ver‍-
mehrt, wenn die Felder öfters bearbeitet wer‍-
den, hat er indem er auf alles ſiehet, auch ſelbſt
ſcharfſinnig, wie er gewohnt iſt eingeſehen, da
er ſo oft durch das ganze Werk über dieſen Punkt
von den Einflüßen der Luft redet. Noch mehr

erhel‍-

erhellet dieses aus demjenigen, was ich oben
§. 162. aus den Abhandlungen der Akademie von
eben dem Verfasser angeführt habe. Ich habe
§. 141. gesagt, daß ich zur Winterszeit, wenn
viel Reif auf die Körper fällt, beobachtet habe,
daß auch auf den Erdschollen selbst, welche über=
all ungleich auf dem Boden hervorragen mehr
Eis sich setze, an denen Orten, wo sie ihre Er=
höhungen hervorstrecken; und weniger Eis, wo
sie eben gemacht sind. Dieses ist so sehr wahr,
daß es nicht allein auf offenen Feldern, sondern
auch auf den Straßen der Dörfer und Städte
Statt hat. Diese Sache muß überall von je=
der Feuchtigkeit der Luft, die sanfte auf die Er=
de hernieder fällt, verstanden werden. Um des=
willen fällt eine größere Menge der Wasser des
Himmels in ein ungepflügtes Feld als in ein
durch Wärme ausgetroknetes und eben gemach=
tes Feld. Und Hernach pflanzen alle Gewächse
das elektrische Feuer, das aus der Luft auf die
Erde gebracht wird, leichter fort durch eine an=
gefeuchtete, als durch eine trockene Erde; und
daher kommen von der Elektricität eben diejeni=
gen Vortheile auf dieselben welche, wie wir
oben (§. 163. 164.) gezeigt haben, von der re=
genichten und wolkichten Witterung herkommen.

Und

Und wenn man hiezu noch dasjenige fügt was Duhamel (§. 172.) vorgetragen hat: so ist mir der Satz höchstwahrscheinlich.

Satz: Der Ackerbau kann nach diesem Grundsatze ungemein verbessert werden.

174. Ich muß vieles, das offenbar zum Nutzen der Luftelektricität gehört, übergehen. Denn ich fürchte, daß meine Abhandlung bereits weitläufiger ist, als die Gewohnheit und die Zeit erlauben. Ich werde also vollends stillschweigen von dem, was den Zustand der Barometer bey der Anzeige der Luftveränderungen angehet, (wovon man uns täglich soviel Fabeln erzehlt, daß sie beynahe Uibelkeiten verursachen); auch werde ich die Ursachen jener Winde, die wir veränderliche nennen, nicht untersuchen; noch auch, (welches vielleicht allem übrigen vorzuziehen wäre, da es die Gesundheit der Menschen gerade zu angehet), von der Kraft der Elektricität in unsern Körper etwas sagen. Drey Dinge will ich gleichsam im schnellen Vorbey fluge nur aufs kürzeste berühren; die feuerspeyenden Berge, das Erdbeben, den Nordschein.

175. Von den feuerspeyenden Bergen ist vorzüglich zu merken, daß das Feuer von denselben fast nirgends in der Ebene, selten an den Wurzeln und an steigenden Höhen, sondern meistentheils auf den höchsten Spitzen ausgeworfen wird. Auch auf den allerhöchsten Höhen von Bergen, sind die Feuerbrennend, wie in den Anden häufig, und auf dem Berge Piko geschiehet. Sie befinden sich auch meistens auf Inseln, oder nicht weit von den Ufern der Meere entfernt. Sie werfen Schwefel aus, und brennen von Schwefel. Oft wenn sie wüten, sind sie mit Ungewittern der Luft verbunden. Wenn dieses mit demjenigen verglichen wird, was mit der Luftelektricität, sowohl als mit der künstlichen, eine Verbindung hat: so giebt es uns eine sehr große Ueberzeugung von folgendem Satze:

Satz: Die feuerspeyenden Berge bekommen ihre Nahrung von der Luft = und Erdenelektricität.

176. Die neuesten und fleißigsten Schriftsteller schreiben dem Donnerstrahle fast vilerley Richtungen zu. Eine die von der Erde aufwärts gen Himmel schießt; eine, die vom Himmel

mel

mel auf die Erde herabfällt; eine die aus einer
Wolke in die andre fährt; und eine die aus
einer Gegend der Erde in die andre hinschießt.
In Ansehung der drey erstern bleibt fast nie-
manden einiger Zweifel übrig. Die vierte
Gattung aber nennt man das Erdbeben.

177. Die Erdbeben aber entstehen meistentheils in den gebirgigen Landstrichen, und sie
werden durch die Ketten der Berge fortgepflanzt.
Nahe an den Ufern des Meeres sind sie fast
immerwährend; und sie halten gerne mit den
feuerspeyenden Bergen Gesellschaft. Ja die
Wasser sind nicht selten Kennzeichen von be-
vorstehenden Erdbeben. Ehe sie ausbrechen,
erfüllen sie die Luft mit Gestanke; sehr oft be-
bet die Erde, wenn der Himmel donnert und
Blize wirft. Alles dieses sind Anzeigen der
Elektricität. Aber jene Umstände erweisen die
Sache fast völlig: daß die Erdbeben durch die
Meere selbst fortgepflanzt werden, so daß sie
auch die auf dem offenen Meere segelnden Schiffe
erschüttern. Da dieses die Uebergangslinie des
elektrischen Feuers sehr schön anzeigt, und
durch die Glaubwürdigkeit vieler Geschichten
bestätigt wird, auch mit den Versuchen der
künstlichen Elektricität regelmäßig übereinkömmt:

so können wir mit Rechte den Satz daraus
ziehen:

Satz: Es ist höchst wahrscheinlich, daß die
unterirdischen Blitze oder die Erderschütterun=
gen von der Elektricität erzeugt werden.

178. Seit der Zeit (nämlich seit 1700),
als Hr. Lemery einen Versuch bekannt machte,
in welchem eine Vermischung von Schwefel,
Eisenfeilspänen und Wasser, Hitze, Rauch und
Flammen erregt: so kam jedermann, nach An=
leitung des Herrn Lemery auf den Gedanken,
daß auch die feuerspeyenden Berge und die
Erderschütterungen von einer Vermischung von
Schwefel und Eisen, welche das Wasser in ei=
nen Teig aufgelöset hätte, herkommen könnten.
Allein diese Hypothese drohet sich selbst den
Untergang, wenn der Versuch nicht mit der
Elektricität verbunden gezeigt wird. Der Abt
Mazeas, Mitglied der königlichen Gesellschaft
in London, hat einiges hierin versucht; er hat
aber nichts gefunden. Gleichwohl ist es wahr=
scheinlich, daß aus Franklins Theorie etwas
könne erfunden werden, wenn der Versuch
strenge genung behandelt wird; es wäre aber
zu wünschen, daß ein solcher Versuch möchte
aus=

ausgefunden werden. Denn man würde daraus sehr viele, und sehr verwickelte Erscheinungen der Natur gründlicher erklären können. Die Unzulänglichkeit des lemeryschen Versuchs, um die Erscheinungen der Erdbeben zu entwikeln, scheint Herr Marc Anton Plenciz, Vorgesetzter der Aerzte in der savoyschen Akademie der Adelichen zu Wien, scharfsinnig eingesehen zu haben, da er in seinem Tractate von dem Erdbeben rc. zwar vieles jenem Experimente, doch aber auch etwas der Elektricität zuschreibt.

179. Die schönste Erscheinung, und welche des vortreflichen Gebäudes des Himmels würdig ist, ist die nordliche Morgenröthe, oder der Nordscheine dieser allein würde von mir einen ganzen Tractat erfodern. Von alten Zeiten her hat er die Menschen in Schrecken gejagt, und alles Unglück prophezeyt; heut zu Tage belustigt er uns, und schärft unsern Fleiß. Ihn hat Herr von Mairan in einem sehr vortreflichen Tractate abgehandelt, (nämlich in seinem *Traité historique & Physique de l'Aurore boréale ; suite des Mem. de l'Acad. des sciences 1731,*). Aber es sind gleichwohl seit derselben Zeit viele und fleißige Beobachtungen

von

von den Gelehrten gemacht worden; und zwar in den mitternächtlichen Ländern, zu denen das Nordlicht ofte kömmt. Die schwedische Akademie hat viele dergleichen Beobachtungen in ihre Abhandlungen eingetragen. Und Barchow aus Norwegen hat in einem besondern Traktätchen nicht weniges davon mit Genauigkeit gesagt. Aber fast alle Erscheinungen vom Nordlichte, so sehr verschieden sie auch sind, (man sehe die von uns herausgegebene Dissertation des Herrn Maiers,) geben so offenbare Zeichen der Luftelektricität von sich, daß ich glaube, folgender Satz erhelle ganz deutlich daraus.

Satz: Die Nordscheine werden von der Elektricität hervorgebracht.

Doch wird das künftige Alter mehrere Gewißheiten geben, wenn mann, nach der künstlichen Art des Herrn Beccaria, die Nordscheine durch Raketen wird untersucht haben.

Ab=

Abhandlung

von der

Wirkung

der

Luftelektricität

in den

menschlichen Körper.

von

Philipp Ambrosius Marherr,

der Arzneykunst Doktor und öffentlichen
ordentlichen Lehrer auf der Kais. Kön.
Universität

zu Prag.

Aus dem Lateinischen übersetzt.

Abhandlung

von der

Wirkung

der

Luftelektricität

in den

menſchlichen Körper.

───────────

1. Ich nehme eine unfruchtbare Materie vor mich, in welcher vieles mit Gewißheit ſich nicht vortragen läßt aus Mangel an reifern Beobachtungen, und wegen der lange vernachläßigten Schwierigkeit einer ſehr verwickelten Sache; einer Sache welche noch kein Arzt im Ernſte auszuarbeiten übernommen, welche die berühmteſten phyſiologiſchen Schriftſteller unberührt gelaſſen, und welche ſelbſt unter den Naturkündigern, nur ſehr wenige, und zwar nur die

neue

neueſten, berührt haben.   Ich meyne die Luft⸗
elektricität.   Denn was die Schwere die ela⸗
ſtiſche Kraft, die Feuchtigkeit, die Trockenheit,
die Kälte, die Wärme, und andre Abwechſe⸗
lungen der Atmoſphäre angehet, alles dieſes
ſind ſehr gemeine und bekandte Dinge; und ſie
ſind von den Aerzten längſt zum Grunde gelegt
worden, um daraus diejenigen Veränderungen
zu erklären, welche von der beſtändig uns um⸗
gebenden Luft von Tag zu Tag in uns gewirkt
werden.

2. Allein die Luftelektricität iſt den Natur⸗
kündigern ſpäte bekandt geworden: und es iſt
daher kein Wunder, wenn man noch nicht an⸗
gefangen hat, im Ernſte an dieſelben in der
Arzneykunſt zu gedenken.   Denn unſern Vor⸗
fahren war es beſtändig verborgen, daß die Luft
eine elektriſche Kraft beſitze; daß das elektriſche
Flüßige durch eine faſt unaufhörliche Bewegung
von der Oberfläche der Erde in den großen Ocean
der Atmoſphäre ausdünſte; daß eben dieſe Ma⸗
terie in den Wolken ſelbſt ſitze; daß ſie, daſelbſt
angehäuft, Blize erzeuge; daß ſie die Plazre⸗
gen und donnernden Ungewitter errege; daß ſie
mit den Regen, den Plazregen, den Blitzen,
dem Thau und den Nebeln zu uns Erdebewoh⸗
                                            nern

nern herniedersteige, und der Erde wiederum
zurükgegeben werde; daß endlich immerwährende Abwechselungen der Elektricität zwischen der
Erde und der Atmosphäre existiren.

3. Heutiges Tages aber, nach Franklins Versuchen, nach den Beobachtungen der Naturforscher in Paris, nach dem Schreken einiger Aka-
demiker in Bologna, nach Richmanns un-
glücklichem Tode, und endlich nach verschiedenen Erfahrungen der Deutschen sind diese Dinge von allen, die in der Naturkunde erfahren
sind, für Gewißheiten erkandt worden; besonders nachdem von dem berühmten Prof. Beccaria die höhern Gegenden der Luft durch Maschinen die hoch in die Atmosphäre erhoben
wurden, mit besonderer Kunst untersucht wurden. Damals erst offenbarte sich die Elektrici-
cität der Luft auf gewissere Art; damals wurde ihre verborgene Herrschaft durch die ganze
Atmosphäre bekandt; und es wurde erwiesen,
daß die Elektricität nicht allein in den Gewitterwolken verborgen liege, wie man vorher
glaubte, noch im Sommer allein die Luft be-
herrsche; sondern daß selbst zur Winterszeit, ja
zu allen Zeiten, der Himmel mag neblicht, oder heiter oder voll Schnee, oder regenicht seyn, dieselbe

Q   nicht

nicht allein gegenwärtig sey sondern auch die
Lüfte durchstreiche.

4. Nachher ist auch von andern beobachtet
worden,   „ daß die Erde und die Atmosphäre
„ durch fast immerwährende Abwechselungen der
„ Elektricität mit einander streiten; — Daß
„ die Luftelektricität hauptsächlich in den Wol-
„ ken am häufigsten sich anhänge, und in Be-
„ gleitung von Regen und Nebeln zu uns her-
„ untersteige; — daß sie sich allemal des Was-
„ sers, als eines Leiters, über der Atmosphä-
„ re bediene, es sey, daß sie von der Erde auf-
„ wärts in die Lüfte gehoben wird, oder daß
„ sie von oben herab regnet; — und daß es
„ die Elektricität sey, welche die Dünste in die
„ Luft emporhebet, in der Luft aufhängt, und
„ aus der Luft auf die Erde herunter regnen
„ macht. „ *)

5. Es ist aber auch durch augenscheinliche
Erfahrungen ausser Zweifel gesetzt, und den
mei=

*) Ueber diese Materie siehe Differtat. experiment. de
Electricitatis theoria & usu; Wien, 1762; §. 112.
113. 132.; der Verfasser dieses vortrefflichen Tractats
war der E. W. Fulgenz Bauer, Piariste, und
Professor der Physik und Mathematik, der nunmehr
durch einen frühzeitigen Tod den Lebenden entrissen
worden.

meisten bekannt, daß dieselbe Materie sowohl Menschen und Thiere als auch das Pflanzen-Geschlecht durchdringe, und daß sie folglich sowohl aus denselben hervorgelockt als auch im Gegentheil wieder in dieselben hineingetrieben werden könne, nach Maaßgabe als der verschiedene Grad des verdichteten elektrischen Flüssigen in denselben grösser oder geringer ist.

6. Und endlich ist überhaupt, bekannt, daß die elektrische Materie, nach der Art andrer flüssigen Wesen, nach dem Gleichgewicht strebe; daß sie, wenn sie dieses erhalten, in den Körpern ruhig verborgen liege; daß sie aber, wenn das Gleichgewicht gestört ist, nach gehobenen Hindernißen der Körper hervorschieße, und aus demjenigen Körper, der mehr elektrisch ist, sich in denjenigen ergieße, der weniger von dieser Materie hat; und daß die Macht des Strohmes alsdann um soviel größer sey, auch die Wirkung um soviel augenscheinlicher, und die Erscheinungen um soviel deutlicher erfolgen, je größer in dem einen dieser Körper die Menge, und im andern der Mangel des elektrischen Feuers vorhanden ist. *)

Q 2   7. Da

*) Eine besondere Eigenschaft gewisser Körper scheint gleichwohl von dieser Hauptregel einige Ausnahme zu ma-

7. Da nun dieses sich so verhält: so kann man allerdings nicht zweifeln, daß nicht die Luft, die unsern Erdboden umgiebt und durch unaufhörliche Abwechselungen der Elektricität mit demselben streitet, die also bald mehr, bald weniger elektrisch ist, eben durch diese ihre Beschaffenheit in den menschlichen Körper verschiedentlich wirke und Veränderungen in ihm hervorbringe; und daß also die Elektricität der Atmosphäre, eben sowohl als die Schwere, die Elasticität, und andre Eigenschaften der Luft, eine besondre Aufmerksamkeit der Aerzte verdiene.

8. Nunmehro wird es gut seyn, wenn ich einige Erscheinungen anführe, die sowohl in Menschen als Thieren sind beobachtet worden, und die vielmehr von der Luftelektricität, als von irgend einer andern Ursache, abzuhängen scheinen. Die Zeit wird noch mehreres lehren. Denn ich bin gesonnen, nicht sowohl diese Sache

. machen. Zum Exempel die Metalle, die von andern geschikt sind, das elektrische Flüßige anzuziehen, und die ihm am nächsten verwandt sind. Ein anderes Beyspiel sind auch diejenigen Körper, in welchen die Erscheinungen der entgegengesetzten Elektricität zu einer und eben derselben Zeit beysammen wahrgenommen worden.

che als ausgemacht abzuhandeln, als vielmehr
die Aufmerkſamkeit andrer zu reizen, denen
die Natur ein größeres Maaß des Verſtandes
und eine ſchärfere Beurtheilungskraft verliehen
hat, damit ſie dasjenige, was in dieſer zweifel⸗
haften und verborgenen Sache noch verſtekt iſt,
einſt in ein volleres Licht ſetzen mögen. Mit
den gewiſſern Erfahrungen aber will ich nun
den Anfang machen.

9. Von dem Blize ſcheint es heut zu Tage
gewiß zu ſeyn, daß alle deſſen Wirkung in die
Körper der Menſchen und Thiere der elektri⸗
ſchen Kraft zugeeignet werden müße.   Denn,
daß ich die wichtigſten Beweiſe der Naturfor⸗
ſcher übergehe; was lehren die Leichname de⸗
rerjenigen anders, die vom Blize ſind getödtet
worden? Man betrachte in denſelben die ſchlap⸗
pen und gleichſam ſchwarzbraun geſchlagenen
Lungen, und die Menge des ausgetretenen Blu⸗
tes, *) und man ſtelle eine Vergleichung mit

Q 3

den

*) In dem Leichname des durch den Bliz hingerafften
Prof. Richmanns fand man das Blut in der Hö⸗
lung der Bruſt bis ohngefähr ½ Pfund, ergoſſen. Der
hintere Theil der Lunge war ſchwarzbraun, mit Blut
unterlaufen; der hintere häutige Theil der Luftröhre
(aſpe⸗

den Thieren an die durch die künstliche Elektricität getödtet werden; ihr beider Schiksal in
diesem Falle ist einander vollkommen ähnlich.
Man sehe den unglüflichen, durch den Bliz ge-
tödteten Professor Richmann, und man bewun-
dere die auf der ganzen Oberfläche der Haut un-
versengten Haare; da doch diese sonst mehr als
irgend ein andrer Theil des Körpers Feuer zu
fangen fähig sind *) und nun, die Theorie der
Elektricität beyseite gesetzt, erkläre man, wenn
man kann, diese Erscheinung. Vielmehr wird
man gerne zur Elektricität seine Zuflucht nehmen; und dann wird man eine genaue Ursache
von dieser Erscheinung geben; nemlich daß die
Haare, da sie so wie die seidenen Faden und
andre dergleichen Körper, für sich selbst elektrisch
                                            sind

(asperæ arteriæ) gleichsam zerrissen und zerschnitten
die Aeste der Luftröhre (bronchia) aber voll von hellem und schäumenden Blute. S. Comment. de. reb.
in Scient. nat. & med. gest. Lipsiæ, Vol. II· pag. 726.

*) Es ist auch wunderbar, daß die Haare „an denen
„ äußern Theilen der Haut „ (die vom Blize getroffen waren, und Flecken von unterlaufenen Blute hatten) „ auf keine Weise irgend verletzt waren. „ S.
die angef. Schr. Es kömmt aber dieses mit den Erscheinungen der Elektricität überein, weil die Haare
für sich elektrisch sind.

sind, der von außen herzuströmenden elektrischen Materie widerstehen, und sie zurükhalten; und so wenig als bey der künstlichen Elektricität, wenn die Kette Funken giebt die sogar Weingeist entzünden, die seidenen Träger der Kette das geringste von dem elektrischen Feuer erdulden, eben so wenig werden auch die Haare der Menschen die vom Blize getroffen werden, versehrt weil der Bliz alle Gesetze des elektrischen Strohmes beobachtet.

10. Der berühmte Hales, der von diesen Ursachen nichts gemuthmaßt hatte, glaubte, die vom Blize getroffenen Menschen würden aus einer andern Ursache getödtet, nemlich durch die vom Blize zernichtete elastische Luft. *) Ich will zwar nicht leugnen, daß die Elasticität der Luft von dem Blize an demjenigen Orte kann vermindert werden, durch welchen dieser feurige Ausfluß des Himmels sich stürzt. Allein da dessen Schnelligkeit ungemein groß ist, und der Bliz sich nirgend leicht aufhalten läßt: so ist die nahe elastische Luft allemal in Bereitschaft, daß sie den vorigen Ort, nach den Gesetzen des Gleichgewichts, wieder besetzt, in die Lunge des

Q 4   vom

*) S. Vegetable Staticks, deutsche Uebers. S. 148.

vom Blize getroffenen Menschen von neuem eindringt, und die nur kaum entzogene Athemho-
lung wieder herstelt. Daß dieses so geschehen
würde, wenn die von Hales angeführte Ursache des Todes die einzige und wahre wäre, bestätigen die Erfahrungen mit der Luftpumpe.
Denn wenn aus einem Recipienten die zum Leben nöthige Menge der Luft ausgepumpt ist,
und man läßt dann, indem die Thiere nun
schon zu sterben scheinen, plözlich wiederum die
äußere Luft hineindringen: so kehrt alsbald das
Leben und die vorige Munterkeit in sie zurück,
und sie werden von aller Gefahr befreyt. Einen
vom Blize getödtete Menschen wird man nicht
einmal durch Einblaßen eines Lebensgeistes wieder herstellen; denn durch den heftigen Stoß
des Blizes ist bald die Lunge gequetscht, bald
sind die kleinen Gefäße durch die gewaltsame
Erschütterung zerrissen; bald unterdrückt das
aus den Adern ausgetretne Blut das geistige
Organon dergestalt, daß es keinen Lebensgeist
annehmen kann, wenn er gleich mit irgend einer Kraft durch den Mund hineingetrieben würde. Daher sterben die vom Blize gerührten
Menschen nicht sowohl von der durch den Bliz
zerstörten elastischen Kraft der Luft, als vielmehr

mehr von dem höchsten und gewaltsamsten Grade der Elektrischen Erschütterung, mit welchem
der Bliz die Körper durchdringt. *)

Q 5   11. Es

*) Wirkungen, die diesen nicht viel unähnlich sind geben
auch die Kugeln, die aus dem groben Geschütze ge-
schossen werden. Denn es ist bekandt, daß durch diese, gesetzt daß sie auch nur vorüberfliegen, Pferde uud
Mann zu Boden geworfen, und die Theile des Körpers, an welchen eine solche Canonkugel vorbeygeflogen ist, stark beschädiget werden und mit Blut unterlau-
fene Flecken bekommen. Am gefährlichsten sind dieselben, wenn sie hinter dem Kopfe oder vor dem Gesichte der Soldaten vorbeyfliegen. Ein geschickter Feld-
wundarzt hat dergleichen Soldaten gesehen, denen Ca-
nonkugeln vor dem Gesichte vorbeygeflogen waren und
die auf diese Art plözlich, und, gleichsam durch den
Bliz, zu Boden geworfen uud getödtet wurden. Er
sah ihr ganzes Gesicht und alle innere Theile der Hö-
lung des Mundes und Schlundes schwarz mit Blut
unterlaufen; und es ist kein Zweifel, daß diese un-
glückliche Wirkung bis zur Lunge wird hinunter getrun-
gen seyn, welches er aber doch nicht untersuchen konnte. Eben derselbe hat auch gesehen, daß von einer
Canonkugel die über den Kopf eines Soldaten wegflog,
die goldene Tresse von seinem Hute fast ganz abgerissen wurde, so daß nur noch ein kleines Stückchen davon herunterhieng; daß im übrigen der Hut selbst un-
beschädigt blieb und auch der Soldat nicht verletzt war
außer daß er zur Erde geworfen wurde. Wenn ich diese Beobachtungen aufmerksam bey mir selber überlege

so

11. Es ist aber nicht jeder Blitz des Himmels tödlich. Vielmehr, so wie die künstliche Elektricität in gewissen Krankheiten von grossem Nutzen ist erkannt worden, also hat auch Winder die heilsame Kraft des Blitzes durch einen glücklichen Zufall an seinem eigenen Körper erfahren; dieser wurde von einer unheilbaren Lähmung und von einem schweren Athemholen in demselben Augenblicke befreyt, da er von einem Donnerstrahle gerührt wurde. *)

Also

so halte ich dafür, daß etwas mehr darunter vorgehen müße, als eine blosse Pressung der Luft, durch welche man bisher dergleichen Begebenheiten zu erklären pflegte. Vielmehr scheint es, daß man dergleichen Wirkungen, da sie den Wirkungen des Blizes nachahmen, ohne zuthun der elektrischen Materie nicht richtig erklären könne. Die Erklärung aber läßt sich sogleich entwickeln aus der elektrischen Luft selbst, welche durch die schnelleste Bewegung der Canonkugel die stärkeste Reibung leidet; und da dieselbe elektrische Materie sich vornemlich, an die Metalle anhängt: warum sollte sie nicht auch aus der elektrischen Luft in die unelektrische Kugel selbst übergehen, und durch diese, als durch einen Leiter, weiter fortgetragen werden. Allein es wäre über diese Sache vieles zu sagen das ich hier der Kürze wegen übergehe.

*) The case of Mr. *Winder* who was cured of a Paralysis by a flasch of Lightning wrote by *John Wilkin-*

Also hat da die elektrische Kraft des Blizes eine hartnäckige Verstopfung der Nerven, die durch mancherley versuchte Hilfsmittel nicht konnte aufgelöset werden, augenbliklich vertrieben, und dem Kranken die vorige Gesundheit verschaft. Der Bliz hat hier in einem Augenblike dasjenige zu thun vermocht, was bey andern die schwächere künstliche Elektricität durch öftern Gebrauch und durch längere Zeit zuwegebringt.

12. Ich übergehe nunmehro die Menge von Experimenten, welche von den neuesten Naturforschern sind versucht worden, und durch welche bewiesen, ist, daß der Donnerstrahl nichts anders sey als eine zusammengehäufte elektrische Materie. Ich begnüge mich, zu zeigen, daß dessen Wirkung in den menschlichen Körper ebenfahls keine andre noch wahrhaftere sey, als die von der Elektricität abhängt. Und ich zweifle nicht, es werden die meisten mit mir hierin gleiches Sinnes seyn.

13. Itzt aber laßt uns vom Klaren ins Dunkle übergehen und versuchen, ob wir da einiges Licht hineinbringen können. Es ist Niemanden unbe-

kinson, communicated to the Society of Göttingen by Dr. *Wichmann*.

unbekandt, was für eine große Macht die Abwechſelungen der Luft nicht allein auf die menſchlichen, ſondern auch auf die thieriſchen Körper
ausüben.   Vornehmlich aber in den warmen
Sommertagen wird zuweilen der Körper von
einer unbegreiflichen Mattigkeit daniedergedrückt
ſelbſt die Schärfe des Verſtandes wird ſtumpf;
der Menſch iſt zu allem träge und ungeſchikt,
ob er gleich mit Willen und Vorſaz zur Arbeit
gehet. Man hat bemerkt, daß dieſes meiſtens
an jenen Tagen ſich zuträgt, wenn irgend ein
Ungewitter aus den Wolken hervorbrechen will.
Wenn aber die Heere der feuerſchwangern
Wolken mit entgegengeſetzten Richtungen nun
ſchon an einander ſtoßen; wenn der Donner
die Luft ſchon erſchüttert; wenn die Blize leuchten, und Plazregen herabſtürzen; was empfinden wir da nicht für eine große und geſchwinde
Erleichterung! Welche unerwartete Leichtigkeit zu
allen Geſchäften! Was für eine große Munterkeit des Körpers! Denn indem die in den Wolken vorher angehäufte Elektricität mit den Regen zu uns herabkömmt, und unſre Nerven
und Glieder durchdringt: ſo wird die vorige
Trägheit des Körpers vertrieben, und ſeine Munterkeit kehrt in die Glieder zurük.   Ich weis
zwar

zwar wohl daß diese Wirkungen den Abwechselungen der Wärme und Kälte, gemeiniglich zugeschrieben werden; und es kann auch durchaus gar nicht geleugnet werden, daß ein durch
zu große Hitze abgematteter Körper wieder
erquikt werde, wenn kühlere Luft einfällt.
Allein es giebt andre Umstände, welche mir
nicht erlauben, jene Abmattung von der bloßen
Wärme der Luft, und die Erleichterung, die
auf ein Ungewitter folgt, von der bloßen Abkühlung der Atmosphäre herzuleiten. Denn diese Mattigkeit ist völlig ungewöhnlich und son-
derbar, und sie hat keine genaue Verhältniß
mit den Graden der Wärme der Atmosphäre.
Denn wenn auch weit heißere Tage, jedoch
ohne Ungewitter, einfallen: so werden wir doch
an denselben, ob sie gleich wärmer sind, weit
weniger abgemattet, als an denen Tagen, da
die Blize ausbrechen wollen, und da der Thermometer gleichwohl oft einen geringern Grad
der Wärme anzeigt. Und dann, ob wir zwar
wohl bey großer Hitze durch eine bloße Abkühlung des Körpers einige Erleichterung empfinden: so ist diese doch niemals von der Art, daß
sie mit jener muntern Stärke könnte verglichen
werden, die wir beym Ausbruche eines Unge-
wit-

witters, in alle unsere Nerven sich ergoßen zu
haben empfinden. Ich selbst habe einen Menschen gekannt, der zwar zur Melancholie geneigt
im übrigen aber gesund war, welcher niemals
mehr im Gemüthe geängstigt wurde, niemals
verdrießlicher und trauriger war, niemals schwerer athmete, als wenn an irgend einem Tage
ein Ungewitter bevorstund; niemals aber em-
pfand er sich leichter und gesunder als wenn das in
den Wolken verschlossene Feuer wirklich ausbrach,
und das siegende Ungewitter weit umher tob-
te. Und diese Empfindung war ihm so gemein
daß sowohl er selbst, als auch seine nächsten
Blutsverwandten aus seinem Körper fast ungezweifelt ein Ungewitter vorhersagen konnten.
Ich kann nicht glauben, daß eine so große Veränderung des Körpers und des Gemüths von
der bloßen Wärme oder Abkühlung der Atmosphäre, von der vermehrten oder verminderten
Schwere oder Elasticität der Luft, in welchen
Veränderungen oft ein gar geringer Unterschied
bemerkt wird, ganz allein könne hergeleitet
werden. Zwar ist ihre wirkende Kraft auch in
diesen Veränderungen nicht zu leugnen. Da
aber gleichwohl als eine Gewißheit schon bekandt ist, daß durch die Ungewitter und den

Don-

Donner die gröſte Menge des elektriſchen Feuers aus den Wolken ausgeſtoßen wird, und mit den Regen und Plazregen zu uns herabregnet; da es ebenfalls gewiß iſt, daß die Wirkung der elektriſchen Materie in den menſchlichen Körper ausnehmend groß iſt: warum ſollte man nicht den gröſten Theil bey dergleichen Veränderungen des menſchlichen Körpers, die meiſtens auf die Elektricität ſelbſt erfolgen, der Abwechſelung der Luftelektricität zuſchreiben?

14. Auch in unvernünftigen Thieren werden ähnliche Veränderungen bemerkt; auch ſie befällt eine ähnliche Mattigkeit; und nach geendigtem Ungewitter werden ſie mit ähnlicher Munterkeit wieder erquickt.

—— Hinc ille avium concentus in agris!,
Et lætæ pecudes, & ovantes gutture corvi,
Neſcio, qua præter ſolitum dulcedine læti.
Virgil. Georgic. L. I. v. 422. 412.

15. Ich will aber hiemit doch nicht geſagt haben, daß die Abwechſelungen der Luftelektricität in allen Menſchen, und in allen Thiere, auf ähnliche Weiſe wirken. Vielmehr iſt es der Vernunft vollkommen gemäß, daß nach der verſchiedenen Beſchaffenheit eines jeden Sub-

jekts

jekts, die daſſelbe in Anſehung der elektriſchen
Materie hat, auch eine gewiſſe Verſchiedenheit
der Wirkungen entſtehen müſſe. Und die Erfahrung ſelbſt beſtätiget, dieſes, durch das
Exempel eines epileptiſchen Mannes, welcher,
nachdem er mit elektriſchen Schlägen erſchüttert
wurde, bald darauf in heftige, und wechſels-
weiſe unterbrochene Paroxysmen verfiel; und
als er hievon wieder hergeſtellt und geſund
wurde, geſtanden hatte, daß er ſehr oft mit
der nämlichen Krankheit gequält worden ſey,
vornehmlich, bey entſtehendem Donner und Ungewitter. *) Aus dieſer Geſchichte iſt wiederum offenbar, daß ſowohl die künſtliche Elektricität, als
auch die Elektricität der Luft, nach vollkommen
einerley Arten in den menſchlichen Körper wirke, und daß die Verſchiedenheit der Wirkungen groſſen Theils von der verſchiedenen Ei-
genſchaft der Subjekte abhänge. Eine ähnliche Natur ſcheinen die Krebſe zu haben, von
denen auch unter dem gemeinen Volke bekandt
iſt, daß ſie bey Gewittern ſich übel befinden,
und wohl gar umkommen. Ja man kann auch

auf

*) Phyloſophical Tranſactions for the year 1753. Vol.
XLVIII. Part. I. p. 377. &c. Commentar. de reb. in
ſcient. nat. & Med. geſtis. Vol. IV. p. 403.

auf diese Art begreiffen, wie die Luftelektricität die prdexistirende Ursache (causa procatarctica) vieler Krankheiten seyn könne, die lange Zeit verborgen bleiben, und nur zu gewissen Zeiten wiederkommen, öfters ohne einige anscheinende klare Ursache. Es gibt Engbrüstige, die der Paroxysmus befällt, auch wenn die Luft, nach dem Zeugniß des Barometers, dichte genug, schwer und elastisch genug ist; und doch kann die vermehrte Schwere oder Elasticität der Luft dem Athemholen so wenig schaden, daß sie vielmehr dasselbe erleichtert und mehr befördert. Ein Beyspiel hievon geben uns die Thiere welche, da sie einen nur um den achten Theil verminderten Druck der Luft ohne Verlust des Lebens kaum ertragen können, gleichwohl in einer doppelt verdichteten, und also doppelt so stark pressenden Luft auf das leichteste athmen. *) Folgt nun nicht hieraus, daß man irgend eine verborgnere Ursache in der Luft aufsuchen müsse, die den Paroxysmus bey dergleichen Menschen verursacht indem die bekandtern Beschaffenheiten der Luft demselben vielmehr entgegen zu seyn scheinen? Gewiß je mehr ich alles dieses bey mir selber mit Auf-

R   merk-

*) Boyle

merksamkeit überdenke, desto mehr werde ich
in dieser meiner Meynug überzeugt, und desto
weniger sehe ich, daß alles das zulänglich ist,
was bisher von den Physiologen über die von
der Luft entspringenden Veränderungen des
menschlichen Körpers ist vorgebracht worden.

16. Noch sind auch andre Erscheinungen übrig
die von der Wirkung der Luftelektricität in den
menschlichen Körper abzuhängen scheinen, ob sie
wohl noch dunkler und noch mehr versteckt sind
als die vorherangeführten. Auch diese wollen
wir wenigstens berühren, wenn wir gleich bisher noch nicht weiter darin fortschreiten können.

17. Die Gesundheit der Luft auf Feldern
und auf Gebirgen ist Jedermann bekandt. Den
wahren Grund davon hat noch Niemand angegeben. Man sagt die offene, der Sonne aus-
gesetzte Luft sey reiner, und von den Unreinig-
keiten der größern Städte befreyt, folglich auch
gesunder. Diese Ursache ist zwar richtig, aber
nicht vollständig da, außer derselben, noch eine andre und wichtigere Ursache jener Gesundheit dabey verborgen zu seyn scheint. Diese hat
der vortreffliche Gerh. Baron van Swieten

‎-(Com-

(Commentar. Tom. IV. §. 1210. pag. 100.)
vor allen am besten eingesehen; und ich kann
mich nicht enthalten, seine Anmerkungen hierüber, die höchstmerkwürdig sind, hier ganz nie-
derzuschreiben. „ Es ist bekandt „ (sagt der
vortreffliche Mann) „ wenn nach der Troken-
„ heit einiger Tage ein fallender Regen die Er-
„ de befeuchtet hat, daß alsdann ein angeneh-
„ mer Geruch erzeugt werde, den Jedermann
„ wahrnimmt, und der gemeiniglich den Pflan-
„ zen zugeschrieben wird, welche, vorher aus-
„ getroknet, nun durch den Regen erquikt,
„ reichlicher ausdünsten. Allein Reaumur hat
„ bemerkt, daß nach einem Regen ein ähnli-
„ cher starker Geruch auch nach der Erndte auf
„ den Feldern gespürt werde, wo nur trokene
„ Stoppeln sich befinden. Da er die Sache auf-
„ merksamer untersuchte: so fand er, daß die
„ trokene Erde für sich ohne Geruch sey; daß
„ sie aber, sobald sie bis zur Consistenz eines
„ weichen Teiges angefeuchtet wird, alsdann
„ einen starken Geruch verbreite; wenn mehr
„ Wasser hinzugethan wird: so wird dieser Ge-
„ ruch vermindert, ja er vergeht gar. Es
„ scheint auch nicht, daß diese Kraft, die die
„ Erde besitzt einen Geruch hervorzubringen,

R 2 „ leicht

„ leicht könne erschöpft werden. Fünfzehn Ta-
„ ge lang, und zwar jeden Tag öfters, hat
„ er Kuchen von angefeuchteter Erde verfer-
„ tigt, getroknet, aufs neue angefeuchtet; und
„ er konnte nicht merken, daß, nach diesen so
„ oft wiederholten Experimenten, die Erde we-
„ niger starkriechend gewesen wäre, wenn sie
„ aufs neue naß gemacht wurde. Ueberdies
„ hat er beobachtet, daß dieser starke Geruch
„ auf keine große Distanz sich verbreite, daß
„ er vielmehr in der Entfernung vermindert
„ werde, und in kurzem gänzlich aufhöre. Wirk-
„ lich steigen an sehr vielen Orten des Erdbo-
„ dens, aus der Oberfläche der Erde Dünste
„ zu einer kleinen Höhe empor, die den Thie-
„ ren tödtlich sind. Man hat wahrgenommen
„ daß jene Ausdünstung des Erdbodens aufhö-
„ ret, wenn in kurzem Donner und Plazre-
„ gen darauf folgen sollen; wenn diese da sind:
„ so kömmt auch jene Ausdünstung wieder,
„ und nach geendigtem Ungewitter reicht jener
„ starke Geruch der Erde bis zur Nase eines
„ aufgerichtet dahergehenden Menschen, und
„ also zu einer ziemlich großen Distanz. Es
„ ist, glaube ich, Niemand, der nicht zuwei-
„ len eben dieses sollte bemerkt haben. Es

„ scheint

„ scheint daher, daß die Erde, wo sie in ei-
„ nem gewissen Grade naß geworden ist, stark-
„ riechende Dünste, und zwar verschiedene an
„ verschiedenen Orten, ausgieße, gleichwie es
„ der verschiedene Geruch lehrt; die meisten
„ derselben aber sind gesund und heilsam; denn
„ wenn die Menschen in der Sommerhitze schmach-
„ ten: so fühlen sie sich auf eine wunderbare
„ Art erquikt, sobald sie nach den Regen einen
„ solchen starken Geruch einhauchen. An ge-
„ wissen Orten vielleicht sind jene Ausflüße
„ schädlich und können die Ursachen seyn von
„ anstekenden Krankheiten, und von Krankhei-
„ ten die einem Lande eigenthümlich sind. „

18. Allein was ist es nun ferner, daß denselben starkriechenden Dunst in die Höhe hebt,
und in die Atmosphäre mit sich wegführt? Ist
es nicht das im Busen der Erde verborgen
liegende elektrische Feuer? Denn es mag dasselbe aus dem Erdboden in die Luft erhoben werden, oder aus dieser in jenen zurückkehren; so
bedient es sich allezeit des Wassers als eines
Leiters (Fulg. Bauer in angef. diff. §. 132.)
Daher dünstet eine trokene Erde nichts aus,
weil da jener freundschaftliche Leiter des elektrischen Feuers mangelt. Denn daß eine sehr

beweg-

bewegliche, feuerartige Materie in den Körpern
verborgen liegen könne, ohne daß sie klare Zei=
chen ihres Daseyns von sich giebt; und daß sie
nur durch Wasser allein in Bewegung gesetzt
wird, lehret augenscheinlich der lebendige Kalk,
welcher, troken und dürre, nichts von der in
ihm verborgenen feurigen Materie von sich giebt;
wird ihm aber Wasser zugegossen: welche star=
ke Bewegung entstehet nicht alsbald! welche
plözliche Dämpfe und wie hitzigsiedend brechen
sie aus, daß sie auch in Feuersbrünsten berich=
tigt sind! was für ein durchdringender Geruch
endlich steigt nicht in die Nase! ein Geruch,
der aus zween Körpern, die an sich selbst kei=
nen Geruch haben, nun erst erzeugt wird. Ei=
ne ähnliche Beschaffenheit scheint die naßge=
machte Erde zu haben, und eine ähnliche Ur=
sache ihrer Ausdünstungen. Auch die übrigen
Erscheinungen treffen damit zusammen, und
zeigen, daß das elektrische Feuer die Ursache
dieser Ausdünstung sey. Denn warum wird
jener starkriechende Dunst vermindert, oder
vergehet wohl gar, wenn man die Erde zuviel
naß gemacht hat? Eben darum, weil das Was=
ser, das elektrische Feuer freundschaftlich in sich
ziehet, und also eine allzugroße Quantität des

Was=

Wassers die Kraft des elektrischen Feuers gleichsam ganz und gar verschlingt. Daher sind
auch die Erscheinungen der künstlichen Elektricität bey feuchter Luft allezeit weniger ansehnlich,
als bey heiterer und trokener Luft. Und warum höret jene Ausdünstung des Erdbodens
auf, wenn Donner und Plazregen folgen sollen? Weil nemlich die Atmosphäre, nun schon
mehr als genug mit elektrischem Feuer gesättigt,
keines mehr aus dem Busen des Erdbodens
herauszieht, sondern vielmehr jenen Ueberfluß,
womit sie überladen ist, demselben bald wieder
zurükgeben will; erfolgt nun dieses, durch ein
schon weit umher wütendes Ungewitter; so
kehrt jene kurz vorher unterbrochene Ausdünstung des Erdbodens zurük; und zwar anizt
um soviel lebhafter, je eine größere Menge des
elektrischen Feuers die Atmosphäre verlohren,
und der Erdboden eingesogen hat. Ja auf diese Art nur läßt sich begreifen, warum kein
Ende in jenen Experimente gefunden wird, da
eine hundertmal nach der Austroknung naßge-
machte Erde aufs neue hundertmal, wie vorher, ausdünstet. Es ist nemlich die Circulati-
on des elektrischen Feuers, so zu sagen, immerwährend, und dasselbe wird von der Erde,
in unaufhörlichen Abwechselungen, wechsels-

R 4 weise

weise bald aufgenommen bald von sich gegeben.

19. Wenn nun aber derjenige Dunst elektrisch ist, der von der feuchten Oberfläche der
Erde in die Atmosphäre beständig fort empor-
dünstet; wenn diese Ausdünstung auf dem Fel-
de lebhafter und häufiger ist, als in den Städten: ist da nicht die Gesundheit der ländlichen
Luft großentheils von jener lebhaftern Elektricität des Erdbodens und der Atmosphäre herzuleiten? Ist es nicht eben diese, die, indem
sie mit den Dünsten der Erde zugleich in die
Luft gehoben wird, auch unsre Körper durchdringt, und im Durchdringen unsern Nerven
jene muntere Stärke, die wir empfinden, mittheilt? ist es nicht eben diese Materie, welche
die vom Steinkohlendunst Erstickten wieder
auferweckt, indem sie, vor sich hangend auf
die Erde gelegt, den Mund in eine frisch ge-
grabene Grube gerichtet, den Kopf überal mit
grünen Rasen bedeckt, die Seele aus dem
Erdreiche wieder einhauchen, und das Leben
wieder erlangen? (*Triewald* Act. Upsal. 1740.)
doch kann diese Ausdünstung des Erdbodens
nicht allemal gesund seyn; denn wo irgend
unter einem Boden giftige mineralische Gänge

sich

sich befinden, und deren Ausflüsse zugleich mit dem natürlichen und eigenen Dunste der Erde in die Atmosphäre emporgehoben werden: so ist klar, daß dessen Gesundheit durch die böse und giftige Beschaffenheit derselben ganz verdorben werde; und daß der Dunst, der an sich selbst von Natur heilsam gewesen wäre, nunmehro Menschen und Thieren höchst schädlich werde.

20. Einen größern Vorzug hat auch die Bergluft, in Ansehung der Gesundheit, die man gemeiniglich der größern Reinigkeit derselben zuschreibt. Warum aber will man diese Luft reiner wissen? Hauchen nicht die Berge, ebensowohl wie die sonnigten Felder, ihre Dünste in die umgebende Luft aus? Ja sie müssen um soviel mehr ausdünsten, je grösser die Verhältniß der Oberfläche des ganzen Berges zu der platten Grundfläche ist, auf welcher der Berg ruhet; und daß ihre Ausdünstung ungemein groß sey, lehren die Quellen und die häufigen unaufhörlich daraus abfliessenden Wasserbäche, und die beständige Freundschaft der Nebel und Wolken mit den höchsten Spitzen der Berge. Ist also die Bergluft um des willen auch gesunder, weil sie reiner als die

R 5   Feld-

Feldluft ist? Ich sehe nicht mit welchem Rechte
sie so genennet werden könne. Denn dasjenige
muß reiner genannt werden, was aufrichtiger
und weniger vermischt ist. Wenn nun aber
die Ausdünstung der Berge größer als der
Ebenen der Felder ist: so kann fürwahr keine
unverfälschtere Atmosphäre der Berge nicht
behauptet werden. Man hat aber wahrgenommen, daß die Elektricität vornehmlich auf erhabenen Orten und auf den Höhen der Gebirge wohnt. Siehet man nicht, daß überal
die Gewitter von den Gebirgen entstehen, und
meistens der Kette der Gebirge nachgehen. Ist
nicht eine Landschaft um soviel mehr den Ungewittern unterworffen, mit je mehrern und
erhabenern Höhen von Bergen sie umschlossen
ist? Und hinwiederum, saugt nicht die höchste
Spitze eines nahen Berges ein Ungewitter,
das schon beynahe über unserer Scheitel hängt,
und die mit elektrischem Feuer schwangern
Wolken dergestalt in sich, daß keine oder sehr
wenige Blitze fallen? Ich übergehe aber diese
von den Naturforschern schon abgehandelten
Dinge. Das allein behaupte ich: da es als
gewiß bekannt ist, daß die elektrischen Abwechselungen des Erdbodens und der Atmosphäre

in

if erhabenen und bergichten Gegenden lebhafter sind: so kann nicht ohne große Wahrscheinlichkeit, geschlossen werden, daß aus eben der Ursache die Bergluft, bey übrigens gleichen Umständen, gesunder sey. Ein Beweis hievon scheint auch zu seyn die wunderbare Hurtigkeit des Körpers, und die Empfindung der Leichtigkeit in einer solchen Luft; denn auch die künstliche Elektricität macht unsern Körper leichter und hurtiger, vermehrt die unvermerkte Transpiration, und reizt das Geblüte zu einem geschwindern Umlauffe; ja sie befördert auch augenscheinlich das Leben und das Wachsthum der Pflanzengeschlechter; und vielleicht rührt jene muntrere Keimung und Fruchtbarkeit der Pflanzen auf den höchsten Gebirgen nirgend anders her, als weil sie sowohl häufiger als auch lebhafter von den elektrischen Dünsten durchdrungen, und innerlich in Bewegung gesetzt werden.

21. Aber ziehen wir etwann auch das Elektrische Feuer durch die Lungen mit der Luft in uns, und saugen es also ein? Ist hierinn villeicht jene geheime, in der Luft verborgenliegende Nahrung des Lebens? Der berühmte Herr von Haller zweifelt daran, und stüzet

R 5 sich

sich vornehmlich auf den Grund, weil die Luft die elektrische Materie langsam annehme, und wiederum, wenn sie sie angenommen, langsam von sich lasse. (Elem. Physiol. Tom. III. pag. 352.) *). Die Frage selbst ist sehr schwer; und man hat bisher noch keine genaue Ursache angeben können, warum die Thiere in verschlossener Luft durch einen so geschwinden Tod umkommen. Gemeiniglich wird der durch die Ausdünstung des Thieres zerstörten Elasticität der Luft Schuld gegeben; daß auch eine gewisse Quantität der elastischen Luft aufgelöset und verzehrt werde, hat Hales mit gewissen Erfahrungen bestätigt. Andre setzen noch hinzu die schädliche Kraft des ausgehauchten Dunstes. Und so glaubt man der Erscheinung genug gethan zu haben. Allein vorlängst hat der große Boerhave sich nicht getrauet aus diesen Ursachen einen Schluß zu ziehen (Element. chem. Tom. I. pag. 500.); und noch heutiges Tages, nach allen bestrittenen Beweisen, getraut sichs auch der berühmte Herr von Haller nicht. (Elem. Phy-

*) Dieses ist jedoch nicht so sehr durchgehends wahr; denn die feuchte Luft ist geschwinde genug, daß elektrische Feuer sowohl anzunehmen als von sich zu geben; daß aber die Luft feuchter werde, wenn sie mit der Ausdünstung der Lungen vermischt wird, daran ist kein Zweifel.

Phyſiol. T. III. pag. 208. 210.). „ Denn
„ wenn die Thiere umkommen: ſo fällt das
„ Quekſilber in weit geringerer Proportion als
„ es durch veränderte Witterung gleichwohl al-
„ lerdings ſehr ofte, ohne einigen Schaden,
„ ganz tief ſtehet; „ ein klarer Beweis, daß weder die Schwere der Luft noch die elaſtiſche Kraft
allerdings nicht in eben der Proportion vermindert ſey, in welcher, ſie doch öfters durch
die gemeinen Abwechſelungen der Atmosphäre
vermindert wird, und zwar ohne merkliche
Beſchwerde des Lebens. Auch läßt ſich nicht
begreifen, wie der wäſſerige Hauch, der aus
den Lungen geblaſen wird, plözlich eine vergif-
tete Beſchaffenheit an ſich nehmen ſollte; und
eben dieſes ſcheint auch mit der Natur nicht
übereinzuſtimmen, da wir in Bädern eine weit
mehr dunſtvolle Luft einathmen, die gleichwohl
der Geſundheit nichts ſchadet. Daher ſcheint
jene Muthmaßung, von einer geheimen, in der
Luft verborgen liegenden Nahrung, ganz und
gar nicht eitel zu ſeyn. Ob aber dieſe Nahrung das
elektriſche, in der Atmosphäre ſich aufhaltende
Element ſey, iſt eine Muthmaßung, die nicht von
allem Grunde entblößt iſt; der wäſſerige Hauch,
der Lunge, den ſie durch das Ausathmen von ſich

giebt,

giebt, kann freylich in kurzer Zeit das, was die Luft
von Elektricität besizt, zerstören und ungeschikt
machen; eben so wie wir sehen, daß eine elektrisirte gläserne Röhre, durch das bloße Anhauchen
des Mundes, ihrer Elektricität beraubt wird. (*Muschenbroek* Essai de Physique, Tom. I. pag. 260).
Auch kein neuer Zunder der elektrischen Materie
wird alsdann dabey zureichen, wenn das Glas überall verschlossen ist; weil das Glas wie Franklins Versuche lehren, für dieselbe Materie, als eine subtile Flüßigkeit, und durchdringlich ist. Jedoch steigt dieser ganze Vernunftschluß bisher noch
nicht über die Gränzen der Muthmaßung. Vielleicht wird die Zeit künftig einmal entweder diese
Ursache jener Erscheinung festsetzen, oder eine andre wahrhaftere an das Licht hervorbringen.

22. Mir ist es indessen genug, gezeigt zu
haben, daß die Luftelektricität, und deren Wirkung in den menschlichen Körper, ob sie gleich
bisher dunkel und vernachläßigt geblieben ist,
von nicht geringerer Wichtigkeit sey, als andre Abwechselungen und Beschaffenheiten der
Atmosphäre, die auf uns wirken; und daß es
also billig sey, daß sich die Aerzte angelegen
seyn lassen, dieselbe aus so tiefen Finsternißen
immer vollständiger hervorzuziehen.

physikalisch = medicinische

Dissertation

von der

Wirkung

der

Luftelektricität

in den

menschlichen Körper.

von

Andreas Bernhard Kirchvogel

Aus dem Lateinischen übersetzt.

„Es ist ein Glück unsers Jahrhunderts, daß wir schon
„viele Wahrheiten erkennen, die ehemals nicht
„einmal als wahrscheinlich hätten können geglaubt
„werden. Mehr noch läßt sich hoffen von dem Fleiſ‚
„ſe ſo vieler und ſo großer Männer, welche die
„Schwierigkeiten, die noch übrig ſind, aufklären
„werden. „

Bœrhave Comment. T. IV. p. 709.

Vorbericht.

Es ist nicht längst, (den 6 Nov. 1766.) daß der berühmte Herr Professor Marherr bey Besteigung des Lehrstuhls in Prag (zu welchem er wegen seinen Verdiensten von unserer gnädigsten Kaiserinn, der großen Gönnerinn der Wissenschaften, neulichst ist erhoben worden) seine Zuhörer zu den öffentlichen akademischen Vorlesungen durch ein Programma eingeladen hatte, in welchem er, der allererste, soviel mir bekannt ist, die Wirkung der Luftelektricität in den menschlichen Körper mit Gründen bewiesen hat.

Hiedurch hat dieser erfahrne Gelehrte den Aerzten ein so helles und großes Licht aufgesteckt, daß es ihnen in die innersten Heiligthümer der Arzeneywissenschaft vorleuchtet, und

S   sie

sie zum höchsten Wachsthume dieser Kunst anführet.

Ich habe diesen nicht unerweislichen und höchstnützlichen Satz zum Stof einer Abhandlung erwählt, worinn ich denselbrn mit einigen Erfahrungen und Erscheinungen, die ich wegen kürze der Zeit habe sammeln können, zu bestätigen und zu bereichern getrachtet habe.

Wenn hieraus der geneigte Leser einige Gewißheit und Nutzen hervorleuchten siehet: so wünsche und bitte ich, daß er sie durch eigene Beobachtungen bestätigen, die Zweifel aber aufklären, die Fehler geduldig verbessern, mich lieben, und glücklich leben möge.

Ab-

Abhandlung

von der

Wirkung

der

Luftelektricität

in den

menschlichen Körper.

1. Die Elektricität hat ihre Benennung von dem griechischen Electron hergenommen, welches eben soviel bedeutet, als bey uns der Bernstein. Daß dieser Bernstein, sowohl als dessen anziehende Kraft, den Alten bekannt gewesen sey, sehen wir aus den Stellen vieler Geschichtschreiber. (Siehe Plin. Hist. nat. Libr. 37. Plat. in Timæo. Strabo Dioscorid. &c.)

Ja

Ja was noch mehr ist, Plinius (an angeführ-
tem Orte) meldet, daß der Bernstein sogar
Flammen gegeben habe.   Daß eine ähnliche
Kraft auch in gewissen Gattungen von Steinen verborgen liege, haben die ältesten Schriftsteller hinterlassen; von diesen kann der erfahrne Muschenbroeck nachgesehen werden, welcher
von den meisten derselben Meldung thut. (In-
trod. ad Philosoph. natur. Cap. de Electric.)
Unter den Gelehrten der neuern Zeit aber war
Gilbert, soviel man weis, der erste, der die
elektrische Wissenschaft auszuarbeiten, und andern mitzutheilen anfieng.   Nachher aber hatte
diese schöne Erfindung auch andre Männer
zum Wachsthume der Kunst angeführt.   Nicht
wenige derselben haben sich mit ihren ausneh-
menden Experimenten einen unsterblichen Ruhm
bey den Enkeln erworben.   Unter diesen sind
vorzüglich groß gewesen Otto Guerike in
Deutschland; Gray in Engelland; Du Fay
in Frankreich; Winkler in Leipzig; Proco-
pius Devisch; Aepinus, von der Akademie
in Petersburg, und Beccaria, königlicher Professor in Turin; Desaguliers; Schilling;
Doppelmayer; Bose; Nollet; Watson; Jallabert: Franklin; Richmann; Gravesande;
Muschenbroeck, und zu jeziger Zeit viele.

                                        2. Län-

2. Lange wurden die seltsamen Erscheinungen dieser Erfindung von den Gelehrten in ihrer Studierstube mehr bewundert, als untersucht; bis endlich auserlesene Männer anfiengen, ihre Erfahrungen andern mitzutheilen, diese mit jener ihren zu vergleichen, Schlüsse daraus zu machen und gewissere Urtheile zu ziehen.

3. Allein kaum wurde hernach eine so große Anzahl von Erfahrungen in der Welt bekandt gemacht: ach was wurden da nicht schon für Träume der Naturforscher, die bisher unausleglich waren, ausgelegt! Und doch, je mehr derselben ausgelegt wurden, desto mehr ungeheuere Abentheuer von Meynungen träumten sie aufs neue. Denn da sie sahen, daß sich vieles aus dieser Wissenschaft erklären lasse: so geriethen sie auf weit ungereimtere Sachen, und holten, daher fast allein die Erklärungen der Veränderungen in der ganzen Welt; gleichwie es in dergleichen Sachen zu ergehen pflegt, und wovon wir ein Beyspiel an der Luftpumpe haben.

4. Jedoch aber will ich jene Wissenschaft um deswillen nicht für unnützlich ausgeben; indem von verständigen Gelehrten so schöne Erfah-

S 3   run-

rungen, und so gelehrte und bescheidene daraus
hergeleitete Vernunftschlüße, hin und wieder
wahrgenommen werden, daß wir über das
Genie einiger derselben ganz erstaunen; und die
uns eine gewisse Hoffnung versprechen, es werde einmal geschehen, daß der wahre Gebrauch
den der gütige Gott, durch diese Wissenschaft,
dem menschlichen Geschlechte hat verleihen wollen, endlich werde offenbar werden.

5. Es glaubten zwar längst, die beyden ita-
lienischen Aerzte, Pivati *) und Veratti, den
wahren Nutzen derselben gefunden zu haben; indem sie, wie es scheint, nicht aus dem Dreyfuß
des Apollo, oder aus dem Gehirne Jupiters,
sondern aus eingebildeten Hypothesen, dieselbe
in die innersten Heiligthümer der Arzneywissen-
schaft einzuführen getrachtet hatten. Diese beyden Männer glaubten, man könne die Tugen-
den der Arzeneyen durch die elektrische Kraft in
den menschlichen Körper ergießen, wenn die
Arzeney nur in eine gläserne Röhre eingeschlossen, oder der Mensch, die Arzeney in der Hand
haltend, elektrisirt würde. Allein längst haben
andre diese Meynung verlacht und gänzlich ver-
worfen.   6. Je-

---

*) Pivati war kein Arzt, sondern ein Rechtsgelehrter.
   Uebersetzer.

6. Jedoch sind nachhero andre, sowohl Aerzte, als auch Gelehrte, die keine Aerzte waren, aufgetreten, welche, vielleicht mit mehrerm Grunde, die elektrische Erschütterung in gewissen Krankheiten zu versuchen angerathen, und diesen Versuch zum Theil heilsam zum Theil höchstschädlich erkannt haben. Was aber von dieser Sache zu halten die Wirkung und die Vernunft anrathen, das werde ich, wenn es Gott gefallen wird, bey andrer Gelegenheit abhandeln. Indessen kann dasjenige nachgesehen werden, was der aufrichtige Muschenbroek (an angef. Orte) und andre über diese Sache aufgemerkt haben. Ich wende mich zu dem vorgesetzten Ziele, da ich in gegenwärtiger Abhandlung nur allein zu beweisen auf mich nehme: daß die elektrische Materie, als ein Flüßiges, das von einem jeden andern unterschieden ist, indem sie aus den Eingeweiden der Erde heraus und wieder hineingehet, mit beynahe immerwährenden Abwechselungen zwischen der Erde und dem Himmel streite; daß sie die Körper aller lebenden wesen durchdringe, und wegen ihrer abwechselnden Gegenwart in der Atmosphäre auf dieselben verschiedentlich wirke und sie verändre; und daß sie also nicht den

S 4 nie=

niedrigsten Plaz in der Antiologie, oder der
Lehre von den Ursachen der natürlichen und
übernatürlichen Dinge, die in den lebendigen
Körpern vorgehen, verdiene. Ich werde dieses sowohl mit Erfahrungen, als auch mit den einfachsten
Beobachtungen, die der Vernunft nicht entgegen sind, beweisen.

7. Ich werde aber in der Ordnung das
Programma des berühmten Herrn Professor
Marherr durchgehen. Und zwar erstlich führt
er als eine eigene Beobachtung der Naturforscher an, daß zwischen Erde und Himmel
unaufhörliche Abwechselungen der Eelktrici-
tät eintreten. Die Gewißheit hievon die von
jenen Naturforschern mit ungezweifelten Erfahrungen bestätiget ist, kann überdies ein jeder
Liebhaber der Elektricität in seinem eigenen Zim-
mer beobachten; wenn er nur die elektrische
Maschine fleißig in Uebung bringt, und auf
alle Veränderungen Achtung giebt, die nicht sowohl von der Maschine selbst, als von der
Beschaffenheit der Lufft abhängen. Er wird
wahrhaftig sehen, daß es im Jahr die meisten
Tage gebe, an denen er vieles; viele Tage, an
denen er wenig, oder nichts von elektrischem
Feuer heraus zu locken vermag. Gewiß aus

kei-

keiner andern Ursache, als weil man sogleich wahrnimmt, daß dieses Flüßige in der Atmosphäre bald genugsam vorhanden ist, bald aber mangelt, oder unwirksam ist.

8. Der erste Umstand wird zwar an vielen Tagen des Jahres, meistens aber an jenen Tagen beobachtet, wenn bey einem Ungewitter ein Regenguß aus den zerrissenen Wolken die Dürre und gleichsam ausgesaugte Erde befeuchtet: Denn da geben die Wolken, die mit Elektricität schwanger sind, diese durch einen solchen Regen in der grösten Menge von sich. Allein sie entladen nicht bloß vieles durch den Regen, sondern öfters durch Hagel und herabschießende Plazregen. Dieses bestätigt der gelehrte Wilke mit den Worten: „Die Wolken entladen „sich nicht allezeit ihrer Elektricität durch Blize „und Donner, sondern noch viel öfter durch „den fallenden Regen." (Comment. Bonon. T. III. pag. 97.). Daß daher alle lebende Wesen nach einem solchergestalt aufgelößeten Ungewitter oft wunderbar erquikt werden, muthmaßt unser vortrefflicher Marherr nicht ohne Grund; wovon wir aber im Folgenden weitläufiger sprechen wollen.

S 5   9. Wenn

9. Wenn aber viele Dünste zugleich in die
Atmosphäre emporsteigen, und die daher zu-
sammengewehte Heere der Wolken, als elektrisirter Körper, lange über dem Horizont, ohne
großen Kampf, ihre Stellung behalten: so
wird der andre Umstand am häufigsten wahrgenommen. Die Ursache ist, weil die Wolken
die den Erdebewohnern auf eine noch keinem
Naturforscher genugsam bekannte Art nothwen-
dige Materie der Elektricität rauben und an
sich ziehen; welches wir sogar ofte mit Augen
sehen, wenn eine Pflaumfeder, oder ein andrer
dergleichen leichter Körper von sich selbst, ohne
einigen Wind, in die Höhe gehoben wird; oder,
welches nicht selten geschieht und angenehm zu
sehen ist, wenn Staub und kleiner Sand plözlich in einen Wirbel getrieben, eine sehr lange
Säule formiren; wovon aber die wahre Ursache noch nicht ist angegeben worden. Noch mehr
wird die Atmosphäre, nach den Beobachtungen der Naturforscher, dieses Flüßigen beraubt,
je häufiger die wütenden Heere der Wolken die
Blize des Himmels gegen die obern Gegenden
emporschießen. Die Ursache ist leicht; weil durch
den öfters entzündeten Donnerstrahl die Kräfte
der Wolken gebrochen, und aufgelößet werden,

ohne

ohne das elektrische Feuer uns zurückgegeben zu
haben.   Und alsdann sind jene Zeiten da, da
das ganze Geschlecht der Lebendigen mehr oder
weniger schmachtet, und zu welchen einige, die
mit periodischen Krankheiten behaftet sind, in
Paroxysmen verfallen; wie wir im Folgenden
besser sehen werden.

10. Der dritte Umstand endlich, da wir nemlich den elektrischen Dunst als unwirksam angegeben haben, wird meistentheils zu einer solchen Zeit bemerkt, wenn die mit wässerigen
Dünsten gesättigte Atmosphäre, oder anhaltende Regengüße, die Kraft desselben zerrütten.
Es muß aber hier der Umstand in Acht genommen werden, daß nicht zu jeder regenichten Zeit
die Kräfte der Maschine fehlschlagen, wie einige irrig vorgeben; indem man beym Experimentiren findet daß bey zerrissenen Gewitterwolken der Plazregen am meisten: Elektricität
herbeyführt.

11. Wenn aber die Regen lange anhalten,
und alle Orts mit feuchten Dünsten anfüllen:
so machen sie dadurch die Elektricität unwirksam; oder, wenn man lieber will, jene Eigenschaft der Körper wird zerstört mit welcher sie

dann

dann weder durch Bewegung noch Reiben elektrisch werden.   In diesem Falle hat der uner-
müdete Fleiß im Experimentiren einige Mittel
entdekt, womit die Natur durch die Kunst verbessert wird, als da sind: wenn der Ort, in
welchem die Experimente angestellt werden, erwärmt wird; wenn da geräuchert wird; wenn
die Reibung über wohl ausgetroknete Körper
versucht wird; wenn die vom Regen durchdrun-
gene Kleider abgelegt werden; u. d. m. wie den
Liebhabern der Elektricität wohl bekandt ist.

12. Da diese Sachen so beschaffen sind: so
kann man allerdings nicht zweifeln, daß
nicht die Luft, durch diese bewiesene Beschaffenheit ihrer elektrischen Abwechselung, in den
menschlichen Körper verschiedentlich wirke
und Aenderungen in ihm hervorbringe. Gewiß, wenn wir viele Erscheinungen genauer betrachten, deren Ursachen wir noch nicht aus dem
Grunde wissen: so lassen sich diese Ursachen viel
leichter von derselben, als von irgend einer andern Beschaffenheit der Luft herleiten. Damit
ich aber etwas gewisseres in dieser Sache behaupten könnte, so habe ich einige Versuche angestellt.   Hier ist der erste.

Ver-

Versuch.

13. Ich erforschte den Puls bey einem gesunden Menschen von etlich und zwanzig
Jahren, der von sanguinischem Temperamente, verständig, und nicht leicht verän-
derlich war. Der Puls that innerhalb einer
Minute Zeit allemal siebenzig Schläge. Damit ich aber wegen der genauen Zeit gewiß
seyn möchte: so zehlte der Æ. V. Herrwert,
(ehemals mein verehrungswürdiger Lehrer in
der Philosophie, nachher mein beständiger
Freund, ein aufrichtiger Mann, und der
hiesigen Universität zu Wien nunmehro (1767.
achtjähriger öffentlicher Lehrer der Physik)
in dessen Gegenwart ich diese Experimente
angestellt hatte die Oscillationen eines Pen-
duls, da ich inzwischen die Pulsschläge
zählte.

Nachdem ich die Zahl der Pulsschläge aufgemerkt hatte: so ließ ich denselben Menschen
auf Pech treten; ich stellte mich ebenfalls
auf Pech, und ließ nun uns beyde von dem
elektrischen Strohm durchdringen; doch ohne Erschütterung, damit nicht die Elektricität wieder ins Gleichgewicht gebracht würde.

2c. Da ich nun also elektrifirt war: so untersuchte ich den Puls jenes elektrifirten allemal auf eine Minute; und ich bemerkte dann
daß in der erſten Minute ſein Puls die natürliche Geſchwindigkeit deſſelben nur um einen
einzigen Pulsſchlag überſchreite ; in der
zweyten Minute aber, außer der größern
Erhebung des Pulſes an Geſchwindigkeit um
4 in der dritten Minute um 7, in der vierten um 10, und in der fünften um 14 Schläge über die natürliche Geſchwindigkeit angewachſen war.

Nachher ſtiegen wir beyde von dem Peche
herunter. Ich erforſchte ſeinen Puls wieder-
rum; in der erſten Minute verblieb er gleich
geſchwinde; in der andern Minute aber, in
der dritten, in der vierten, und ſo weiter,
ließ er dergeſtalt nach, daß er nach und
nach die natürliche Geſchwindigkeit aufs
neue zeigte.

Wir ruhten hernach auf einige Zeit. Dann
wiederholte ich das Experiment, immer mit
ähnlichem Erfolge.

14. Es beweiſet uns dieſer Verſuch 1. daß
das elektriſche Flüßige, in den menſchlichen
Kör-

Körper häufig ströhmend, dem Herzen mehrere Kräfte zuführe; daß dasselbe 2. Die Bewegung der circulirenden Feuchtigkeiten reize; und 3. die Wärme einigermaßen vermehre; welches ich sovielmal bey elektrisirten Kranken nach einem Farenheitischen Thermometer beobachtet habe; und welches auch der erfahrne Muschenbroek (an angef. Orte) bekräftiget. Desgleichen sagt der gelehrte und aufrichtige Jallabert von sich selbst mit ausdrüklichen Worten: „ Ein farenheitisches Thermometer, das, „ auf meiner Brust oder unter meiner Achsel „ gehalten, nicht über 92 Grade steigen konn- „ te, stieg bis auf 97 Grade, nachdem ich leb- „ haft elektrisirt war. „ Und anderswo spricht er ebenfalls über diese Sache: „ Eine der „ merklichsten Wirkungen der Elektricität ist die „ vermehrte Geschwindigkeit des Pulses. „ Es ist mir zwar die Unwissenheit vieler in dieser Sache nicht unbekandt; diese aber wollen entweder aus andern Ursachen nichts davon wissen; oder sie geben nicht Achtung auf die Erinnerung des jetztbelobten Autors, da er sagt: „ Wenn einige Naturforscher Beyspiele vom „ Gegentheil gesehen haben: so vermuthe ich, „ daß die Furcht, oder einige andre besondre „ Hin-

„ Hinderniß auf das Experiment einen Einfluß
„ mag gehabt haben. „ Allerdings eine schöne Anmerkung! und es wäre zu wünschen, daß
sie von denen, die mit Vorurtheilen eingenom-
men sind, nicht so gering geschäzt würde! Denn
in ähnlichen Versuchen muß man allemal auf
das Subject selbst, auf dessen Temperament,
auf die eigene Beschaffenheit des Körpers (idio-
sincrasiam), und auf andre Umstände genau
Achtung geben; ehe etwas, gewisses festgesetzt
wird.   Mein Mensch selbst, den ich zu diesen
Versuchen genommen hatte, gestund freywillig,
da ich einmal einen großen Unterschied in der
Langsamkeit seines Pulses bemerkt hatte: daß
er sich, wegen traurigen Gedanken in seinem
Gemüthe, viel verändert empfunden habe; daher rieth ich ihm, und bath ihn, daß er, bey
vorzunehmenden Versuchen, allemal an gleich-
giltige, oder, wo möglich, an eben dieselben
Sachen gedenken möchte; damit also in dieser
Sache kein Zweifel mehr übrig zu seyn scheinen
möchte; vornehmlich da wir als Aerzte wissen,
was für verschiedene Wirkungen die Traurigkeit
und Fröhlichkeit, die Liebe und der Haß, in
einem Gemüthe hervorzubringen vermag.

15. Damit wir aber zu dem Vorigen zurük-
kehren: so muß es nunmehro Niemanden wun-
der-

derbar vorkommen, wenn die Menschen zu gewissen Zeiten, zu jenen nemlich, da die Atmosphäre von einer größern Quantität der Elektricität überfließt, sich stärker, munterer und
zu ihren Geschäften fertiger befinden. Denn diese Materie ist unsern Körpern so sehr angenehm,
daß unser theuerster und verehrungswürdiger
Herr Professor Cranz dieselbe nicht unbillig unter die herzstärkenden Arzneyen gesetzt zu haben
scheint. (Mat.- med. Edit. alt.).

16. Ein klares Beyspiel hievon geben uns
auch die Pflanzen selbst. Denn was bedeutet
das anders, wenn die Gelehrten behaupten, daß
ganze Weyden durch die Elektricität beseelt werden? (Dissert. experim. de Electricitat. Theor.
& usu. Vindob. 1762. von Fulgenz Bauer,
Piaristen (S. 157.). Diese Beobachtung ist auf
ähnliche Experimente gestützt, mit welchen uns
Doct. Mambray, der berühmte Runeberg, der
erfahrne Nollet, und andre, in verschiedenen
Pflanzen und ihren Samen das durch die Elektricität beförderte Wachsthum vor Augen stellen. (Schwedische Abhandlungen B. 19. S.
15.) Werden nicht die Gewächse der Pflanzen
bey dürrer Erde welk? Und liegt nur im Wasser allein ihre nährende und belebende Kraft?

T   Mit.

Mit was für einer andern Nahrung werden gewiße Mineralien selbst gesättiget? Und warüm sollten die lebenden Wesen nicht dadurch erquikt werden? Können nicht die Bäder der Erde, die hin und wieder in Krankheiten gelobt werden, aus eben derselben Ursache gewißermaßen nüzlich seyn? Oder was anders pflegt die matten Gemüther dererjenigen zu erfrischen, die alsdann auf den Aeckern sich befinden, wenn die starken Stiere den Erdboden umakern? Ich weis zwar wohl, daß dieses gemeiniglich den Dünsten der Erde selber zugeschrieben wird, und zwar mit Rechte; aber was steigt mit jenen Dünsten zugleich in die Höhe? Ist es nicht das elektrische Flüßige, das sich der Dünste als eines Leiters bedient? (Siehe **Fulg. Bauers** dissert. §. 134.). Wenn dem also ist: behaupte ich dieses mit wenigerm Grunde, als diejenigen, die jene ungewöhnliche Munterkeit, die die Menschen daher erhalten, anderswo herleiten? Es kömmt noch dazu, daß der elektrische Geist die Poren des Körpers im durchdringen eröfnet, und die unmerkliche Transpiration befördert; welches durch viele Erscheinungen sowohl als durch folgenden einfachen Versuch vollständig bewiesen wird.

Ver-

Verſuch. —

17. Ich nahm eine Waage, ſo gut als ſie nur immer zu phyſikaliſchen Unterſuchungen zu bekommen war. In beyde Schalen ſetzte ich zwey cylindriſche Gläßer von gleichen Diameter, welche über die Hälfte mit Waſſer dergeſtallt angefüllt waren, daß ich von beyden das genaueſte Gleichgewicht hatte. Dem einen davon theilte ich dann vermittelſt eines metallenen Drathes die Elektricität mit; dem andern aber nicht. Ich ließ hernach die Waage 24 Stunden in Ruhe, in welchem Zwiſchenraum der Zeit das Glas, dem die Elektricität mitgetheilt geweſen war, 13 Gran mehr Waſſers als das andre ausge= dünſtet hatte. *)

18. Dieſes ſehr einfache Experiment lehret uns, daß eine plözliche Beförderung der zuwei= len unterdrükten Transpiration von keiner an= dern Urſache herrühre, als von der eintreten=

T 2 den

*) „ Dieſen Verſuch ſtellte ich bey lange angehaltenen
„ regenichten Witterung an; und dieſes iſt die Urſa=
„ che, warum ich 24 Stunden lang gewartet hatte;
„ bey warmen und trokenen Tagen aber dünſtet eine
„ merkliche Quantität geſchwinder aus. „

den Wirkung des elektrischen Dunstes.　Dieses
bestätigen auch andre Beobachtungen.

19. Ich war auf diese Sache öfters aufmerksam, und ich kann aus eigener und aus andrer
Erfahrung bezeugen, daß da ich in vergangenen Jahren nicht selten sowohl um der Bota-
nik willen, als auch um Insecte zu sammeln,
die ganze Nachbarschafft durchstrich, ich so sehr
ermüdet, und im ganzen Körper troken gemacht
wurde, daß ich mich, ohne alle mir bekandte
Ursache, fast ohne Kraft befand, meinen Weg
weiter fortzusetzen.

20. Erst im vorigen Sommer, da mich ebenfalls einmal eine so ungewöhnliche Müdigkeit
überfiel; und ich bey einbrechendem starkem Ungewitter an dem Fuß eines mit einem dichten
Wald bedekten Berges mich befand: so ent-
schloß ich mich, um die Regengüße oder Hagel
zu vermeiden, vorher den Berg hinanzusteigen.
Ich that es und bemerkte darauf, daß, je höher ich kam, ich desto stärker ausdünstete, freyer athmete, hurtiger wurde, und mit mehrerer
Leichtigkeit meinen vorgesetzten Pfad einhergieng.
Es ist aber hiebey zu merken, daß ich meinen
Weg nicht viel geschwinder beschleuniget hatte;

in-

indem ich die vorher so sehr hizigen Heere der Wolken ohne Bliz noch Regen über meinen Horizont vorbeyziehen sah; daß also zugleich dasjenige dadurch bestätigt wird, was die Gelehrten von der Bergluft vorgebracht haben.

21. Was ist aber die wahre Ursache dieser Erscheinung? Etwan, weil die Atmosphäre in den niedrigen Gegenden mit so vielen ungleichartigen Theilchen angefüllt und so gesättigt war daß sie irgend andre Ausdünstungen anzunehmen nicht vermag? Ich weis wohl, daß dieses an vielen Tagen des Jahres auch geschiehet: an denen Tagen meistens, die durch dichte Nebel dunkel und traurig gemacht werden. Allein die heitern Sommertage, da das Quecksilber im Barometer nicht merklich verändert ist, lehren uns etwas anders muthmaßen. Denn, nachdem diese Beschaffenheit der Luft, von der wir reden bewiesen ist, wird man die einen Wirkungen nicht leichter aus dem Mangel der Elektricität in ebenen Gegenden, und die andern Wirkungen aus der genugsamen Gegenwart derselben auf Gebirgen herleiten? Sie mögen nun die Elektricität durch eine stärkere Ausdünstung, oder durch Aussaugen aus den Gewitterwolken

T 3   be-

besizen; welches hier uns nichts angehet. Es ist
uns genug zu wissen, daß die Gebirge zu gewissen Zeiten die Elektricität geschwinder und
reichlicher hergeben, als die Ebenen; und daß
auch daher jene dieser Luft vorzuziehen sey.

22. Nachdem ich durch die Erfahrung so weit
gesehen hatte: so wollte ich noch weiter sehen;
nemlich was einem Menschen widerführe, wenn
ich ihm die negative Elektricität geben würde.
Zu dem Ende stellte ich folgendes Experiment an.

Versuch.

Nachdem ich die Anzahl der Pulsschläge
an eben demselben natürlichen gesunden Menschen immer gleich befunden hatte: so ließ ich
ihn auf Pech treten, und mit der einen Hand
die kleine Kette, die unter dem Kissen ange-
macht war, und keinen Körper berührte,
anfassen. Ich stellte mich ebenfalls auf Harz
und befühlte den Puls seiner andern Hand.
Ich fand, daß er, ohngefähr zwo Minuten
lang, sich kaum änderte; hernach aber, mit
geringerer Stärke, an Geschwindigkeit dergestalt nachließ, daß die Schlagader in Zeit
von einer Minute ohngefähr um 4 Schläge

lang-

langsamer sich zeigte; nach einer beständigen Erfahrung. Ueber diese Zahl aber nahm die Geschwindigkeit nicht ab.

Wir traten von dem Harzschemel herunter. Ich untersuchte den Puls wiederum. Ohngefähr 3 Minuten lang verblieb er langsamer als im natürlichen Zustande; hernach aber kehrte er zu seiner natürlichen Geschwindigkeit nach und nach wieder zurück. Wenn aber welches zu merken ist, bey Wiederholung des Versuchs demselben hernach positive Elektricität gegeben wurde: so machte diese alsbald den Puls wieder natürlich, ja wohl etwas weniges geschwinder.

23. Dieser Versuch bekräftiget jene Beobachtungen, die der fleißige Herr Professor Marherr von dem epileptischen, und von seinem melancholischen Menschen anführt; welcher letztere niemals mehr geängstigt wurde, niemals verdrüßlicher und trauriger war, niemals schwerer athmete, als wenn ein Ungewitter über seinem Scheitel schwebte. Jener aber wurde zu dergleichen Zeit gemeiniglich von einem Paroxysmus seiner Krankheit, der fallenden Sucht befallen.

T 4 24.

24. Beyſpiele, die dieſen nicht viel unähnlich ſind, habe auch ich bemerkt. Es lebt hier in einem Convent von gewiſſen Religioſen, ein vortreflicher Mann, trokenen Temperaments, der niemals geſunder iſt, als wenn alle ſeine übrigen Collegen, aus Mangel der Elektricität, ſchmachten. Ein nicht unwahrſcheinliches Zeichen daß er von dieſem flüſſigen mehr Ueberfluß habe, als die übrigen: und daß zu der Zeit, wenn daſſelbe andern mangelt, es in ihm einigermaſſen ins Gleichgewicht gebracht wird, und ihn munterer und geſunder macht.

25. Ich kenne einen mir ſehr wehrten Mann in dieſer Stadt (Wien), der in unmäßigen Kopfſchmerzen ein baldiges Ungewitter wo nicht an dem Orte ſelber, wenigſtens in der Nachbarſchaft, gewiß vorher prophezeyete; und, wenn dieſes entweder durch feuerſpeyende Donner, oder durch Regen oder Hagel aufgelöſet war, ſich wiederum herrlich wohl aufbefand.

26. Es wäre noch ziemlich vieles, was ihn dieſe Sache mit einſchlägt welches ich der Kürze wegen zurücklaſſen muß. Ueberdies werden unzählige andre Dinge einem jeden, der dieſes lieſet, aus eigener Beobachtung bekandt ſeyn,

wenn

wenn er nur über diese Sache aufmerksam nachdenken will.

27. Ueber dieses alles lehret uns dieser letztere Versuch selbst die entgegengesetzten Wirkungen des ersten Versuches. Denn die negative
Elektricität vermindert da einigermaßen die Kräfte des Herzens und die Wärme; sie macht, die
Bewegung der Säfte langsamer; und legt den
ersten Grund, die präexistirende Ursache, (causam procatarcticam) zu vielen davon abhängenden Affecten. Dieses ist die Ursache jener Blässe welche Muschenbroek so oft an seiner eigenen
Ehegattin bemerkt hat, so oft sie ihm bey Anstellung seiner Experimente Hilfe leistete. (S.
seine angef. Schr.). Daraus können wir auch
die Mattigkeit, die verminderte Transpiration,
und andre üble Zufälle, ohne andre offenbarere Ursachen, leichter erklären; und es ist eine
sehr wahrscheinliche Sache, daß selbst die Ursache der periodisch zurückkehrenden Krankheiten
aus eben derselben Quelle entspringe; da die
Elektricität, wie der vortreffliche Beccaria bemerkt, öfters aus Mangel, als aus Ueberfluß
sündiget.

28. Bey dieser Beschaffenheit der Sachen sey
es mir erlaubt im Vorbeygehen zu fragen: ob
T 5

man

man nicht genauer Achtung geben sollte, ob et=
wan bey Veränderungen der himmlischen Kör=
per nicht auch größere Abwechselungen der Elek=
tricität beobachtet werden? Ob zum Exempel der
Mond, wie einige vorgeben wollen, rund her=
um aus dem ganzen Horizonte die weit ausge=
breiteten Ausdünstungen zusammen sammle, und
sie in Wolken verdichte! Ob er die Winde erre=
ge, und Ungewitter herbeyrufe ; mit einem
Worte, ob er die ganze Atmosphäre und selbst
die Eingeweide der Erde in Bewegung zu brin=
gen vermag? Würde es so sehr paradox seyn,
wenn wir dessen Herrschaft über dieses Flüßige
behaupteten? Im Vollmond beweiset man eine
offenbare Steigung der Säfte in den Pflanzen.
Sollte das elektrische Flüßige alsdann in grös=
serer Menge die zarten Gefäße der Pflanzen
durchdringen, als im Neumonde? Könnte nicht
hieraus eine wahrscheinlichere Ursache der Krank=
heiten der sogenannten Mondsüchtigen heraus=
gebracht werden? Es ist eine Muthmaßung,
die ich nur hieher gesetzt habe, um verständige
Männer aufmerksam darauf zu machen. Ich
könnte noch mehrere Experimente hier beybrin=
gen, die ich über diese Sache in den Herzen ver=
schiedener Thiere angestellt habe; weil aber die=
selben mehr die elektrische Erschütterung angehen:
so behalte ich sie mir vor, bis mir wenn Gott
will,

will, eine bequemere Gelegenheit, von dieser
Materie zu handeln, vorkommen wird. In-
deſſen ſey es genug, hiemit bewieſen zu haben,
daß die Körper der lebenden Weſen von der
veränderlichen Abwechſelung der Elektriciät ver-
ſchiendentlich afficirt und verändert werden.

29. Damit ich jedoch nicht etwas vorbeyzu-
gehen ſcheine, was zum Beweiſe des Saßes
unſers werteſten Marberr gehört: ſo müſſen
wir noch mit wenigem unſre Aufmerkſamkeit
auf dasjenige richten, womit er die Wirkung
der Luftelektricität die er von der Aenlichkeit
der Blitze vom Himmel hergenommen, augen-
ſcheinlicher zu beweiſen getrachtet hat. Dieſe
Sache ſcheint außer allen Streit geſetzt zu ſeyn.
Denn außerdem, daß das elektriſche Feuer auf
eben die Art eine gedrukte Schrift abbildet, wie
wir irgendwo von einem Donnerſtrahl geſchehen
zu ſeyn leſen (S. Hamburg. Magazin, B. III.
S. 226.); desgleichen, daß es nach eben dem
Geſeße dem Eiſen die magnetiſche Kraft mittheilt,
wie der Donnerſtrahl thut; daß es ferner die
Wirkung des Donnerſtrahls nachahmt, da dieſer einen Degen, ohne Verletzung der Scheide,
und jenes das Geld ohne Verletzung des Beu-
tels, ſchmelzt; (S. F. Bauers Diſſert. §. 123.
126.

126. 128) daß beyde in dem Schwefelgeruche
u. d. g. übereinkommen; außer dem allem und
noch weit mehrerm, sage ich, was der vortreffliche Mann, als von den Naturforschern de-
monstrirte Gewißheiten, übergangen hat: so
macht er sehr schöne Vernunftschlüße aus den blossen Erscheinungen, welche er von den Leichnamen
derer jenigen selber hergenommen hat, die vom
Blitze des Himmels, oder vom künstlichen Strahle
getroffen und getödtet wurden; welches er hernach durch das geschikte Beyspiel des epileptischen
Mannes bestätiget. Diesem muß ich eine nicht
viel unähnliche Beobachtung von mir beyfügen.

30. Ein vierzigjähriger Mann, ein Jäger,
wurde durch einen Donnerstrahl, der hinter ihm
wie er sagte, herabfiel, auf einer Seite gelähmt
zu Boden geworfen. (Die übrige Geschichte
verschweige ich, der Kürze wegen.) Im folgenden Jahre reisete er, mit noch hinkendem Fuße
und halb herabhängender Hand, nach Wien, um
bey der elektrischen Maschine, von der er so viele
Wunder gehört hatte, Hilfe zu suchen. Er kam
zu derselben und wurde von ihr zum erstenmale
mit fünf zimlich starken Schlägen begrüßt. Von
diesen wurde er, wie er des folgenden Tags, da
er wieder zur Maschine gehen wollte, erzälte, so
angegriffen, daß er bald nach der Elektrisirung
an-

anfieng sich übel zu befinden, kurz darnach von einem Schwindel ergriffen wurde, und in Ohnmacht fiel. Nachdem er hievon befreyet wurde: so befand er sich wieder ziemlich wohl auf. Da dieser Zufall dem Manne drey Tage lang, ohne alle andre bekannte Ursache, begegnete: so reisete er, dieser Cur überdrüßig, wieder nach seinem Dorfe zurück.

31. Streitet nicht dieses mit dem Exempel des epileptischen Mannes um die Gleichheit? Nur mit dem einzigen Unterschiede, daß mein Mann, der vom himmlischen Strahle getroffen war, den künstlichen Strahl nicht ertragen mochte: jener aber, der von dem künstlichen Strahle Beschwerde hatte, den himmlischen Strahl durch die Paroxysmen der fallenden Sucht vorherverkündigte. Da also diese Umstände so übereinkommen: kann oder muß etwann auch eine gleiche Ursache der Begebenheit angegeben werden? Vielmehr scheint die Ursache sehr weit verschieden zu seyn; da sie aber ebenfalls mehr zu den elektrischen Erschütterungen gehört: so wird eine bessere Erklärung anderswo gegeben werden. Wir übergehen demnach alles dieses, und wenden uns zu andern Sachen.

32. Bevor unser scharfsinniger Marherr seine Abhandlung schließt: so macht er noch die vorsich-

sich-

tige und kluge Anmerkung : daß um deßwillen
doch nicht alle Menschen und alle Thiere von den
Abwechselungen der Luftelektricität auf eine gleiche
Art afficirt werden. Es scheint dieses eben so klar
als daß übrige, und also um soviel weniger von
der Wahrheit entfernt zu seyn. Ich habe so
sehr vielmal und an so vielen Menschen von ver-
schiedenem Temperamente und Alter, und mit verschiedenen Krankheiten behaftet, durch das Elektrisiren gelernt, daß einige derselben bald mehr
andre weniger elektrisch werden. Ja einigemal
ist mir der ähnliche Fall begegnet, den der erfahrne Füschel von einer Frau erzählt, die öfters
nicht elektrisch wurde, da doch zu gleicher Zeit
andre es wurden. (Act. Acad. Mogunt. Elect.
scient. util. T. II pag. 474,) Ueberdies habe ich
beobachtet, daß oft, wenn in dem Kreise einer
gegenwärtigen Gesellschaft eine einzige Person
unter den übrigen saß, die ganze Arbeit vergeb-
lich versucht wurde. Und ich getraue mir sicher
zu behaupten, daß diejenigen, die ich in der Bley-
colik die von merkurialischen Sachen im Körper
verursacht wurde, elektrisirte, stärker als die
übrigen bey dem Versuch erschüttert wurden.
Die Ursache ist den Liebhabern der Elektricität
klar.

33. Hieher gehört auch der epileptische Mann,
von welchem schon öfters Meldung geschehn ist.

Jn-

Ingleichem der melancholische Mann, mein Ge-
lähmter, und alle bisher angeführte Beobachtungen über die Menschen.   Diesen muß ich
noch eine Beobachtung beyfügen, die ich von
dem E. V. Herwert habe ; dieser kennt an hie-
figem Orte einen vornehmen Mann, der von
einer so grossen Menge des elektrischen Flüssigen
überfließt, daß, wenn er auch nur eines seiner
Beine auf Pech stellte, sein Schienbein gleichwol so stark elektrisirt wurde, daß Knastern,
Knaken und Funke ziemlich deutlich an ihm entstund. Und dies ist einer aus der Zahl dererjenigen, die da lachen, wenn alle übrigen Menschen,
aus Mangel der Elektricität in der Luft, schmach-
ten.   Endlich muß ich auch noch das beyfügen,
daß phlegmatische Fette, schwammichte Personen
bey gleichen Umständen allemal weniger Elektricität haben.   Die Ursache ist ebenfalls augenscheinlich.

34. Da wir nun also alles dieses richtig über-
dacht haben: können wir nicht eine genugsam
wahrscheinliche, und bisher unbekannte Ursache
vieler Krankheiten in die Arzeneywissenschaft ein-
führen? Finden wir nicht in derselben, wenn jede
andre Ursache mangelt; vielmals die erste Grund-
ursache (causam procartarcticam) von der Eng-
brüstig-

brüstigkeit, der fallenden Sucht, der Melancholie
dem Gliederreißen, dem Podagra und von dergleichen periodischen Krankheiten? Ich denke es würde überflüßig seyn, wenn ich die Art, wie diese
Krankheiten den Paroxysmus hervorbringen,
durch dieselbe Ursache weitläufig erklären wollte;
da ich glaube, daß ein jeder Arzt aus dem vorigen die Wirkung dieses elektrischen Flüßigen in
den menschlichen Körper genugsam
wird eingesehen
haben.

www.ingramcontent.com/pod-product-compliance
Lightning Source LLC
Chambersburg PA
CBHW060555030726
47498CB00005B/1397